MISSIONS DU LEVANT, D'ASIE ET DE LA CHINE.

A LA MÊME LIBRAIRIE :

ADHÉMAR DE BELCASTEL. 1 vol. in-12.

AME (l'). 1 vol. in-12.

AMIS DE COLLÉGE ; par M.me Césarie Farrenc. 1 vol. in-12.

BEAUTÉS DES LEÇONS DE LA NATURE. 1 vol. in-12.

CORRESPONDANCE DE FAMILLE. 1 vol. in-12.

DRAMES. 1 vol. in-12.

FAMILLE (la) LUZY. 1 vol. in-12.

FERNAND ET ANTONY. 1 vol. in-12.

LA FOI, L'ESÉRANCE ET LA CHARITÉ. 1 vol. in-12.

MORALE DU CHRISTIANISME. 1 vol. in-12.

NAUFRAGE (le). 1 vol. in-12.

PETIT (le) SAVOYARD. 1 vol. in-12.

RÉNÉ, OU DE LA SOURCE DU BONHEUR. 1 vol. in-12.

SÉRAPHINE. 1 vol. in-12.

SOUVENIRS D'ANGLETERRE. 1 vol. in-12.

SOUVENIRS D'ITALIE. 1 vol. in-12.

THÉATRE DES JEUNES FILLES. 1 vol. in-12.

TRIOMPHE (le) DE LA PIÉTÉ FILIALE. 1 vol. in-12.

VIE DE MARIE LECZINSKA. 1 vol. in-12.

VIE DE SAINTE THÉRÈSE. 1 vol. in-12.

VOYAGE AUX PYRÉNÉES. 1 vol. in-12.

VOYAGES AUX MONTAGNES ROCHEUSES. 1 vol. in-12.

VOYAGE SUR LA MER DU MONDE. 1 vol. in-12.

Tout le village, chantant à demi-voix les litanies des Saints, marchait à ma suite.

MISSIONS

DU LEVANT, D'ASIE

ET DE LA

CHINE.

Lettres, récits et fragments divers, extraits des annales de la Propagation de la Foi et précédés d'une introduction.

Par MAXIME DE MONT-ROND.

Quàm pulchri super montes pedes annuntiantis et prædicantis pacem, annuntiantis bonum, prædicantis salutem! (*Isaïe*, L. II. 7).

LILLE.

L. LEFORT, IMPRIMEUR-LIBRAIRE,

RUE ESQUERMOISE, 55.

1846.

Euntes ergo, docete omnes gentes....
(S. Matth. xxviii. 19).

I.

Au sein de notre immense capitale, où s'agitent tant d'intérêts divers, où des scènes de tout genre viennent chaque jour s'offrir à nos regards, j'assistais naguère à l'un de ces spectacles simples et sublimes en même temps, qu'il suffit d'avoir entrevus une fois, pour en conserver dans son cœur l'ineffaçable souvenir.

C'était le soir, dans l'un de ces pieux asiles, où par la prière, la retraite et le silence, une jeunesse ardente, généreuse, se forme aux devoirs, aux vertus de l'apostolat chrétien [1]. La modeste lueur de quelques lampes éclairait faiblement une humble chapelle, où vinrent avec ordre se réunir de jeunes lévites, suivis de quelques prêtres, blanchis par l'âge, l'étude ou les souffrances. Derrière eux, se pressait en groupes un petit nombre de fidèles; c'étaient quelques parents, quelques amis, ou des hommes du voisinage, venus pour être témoins de touchants adieux, d'un héroïque sacrifice; oui, c'est un sacrifice qui allait s'accomplir.

Après la prière du soir, dite à demi-voix, tout rentre dans le silence. Les assistants se rasseient. Cinq jeunes hommes seuls se tiennent debout, écoutant, pensifs et recueillis, les paroles que leur adresse, d'une voix amie, un vénérable vieillard. Il leur parlait d'immolation, de croix à porter à la suite de l'Homme-Dieu, de maux de tout genre à essuyer chez des peuples infidèles, et enfin du martyre qui peut-être les attend au-delà des mers.....

[1] Le séminaire des *Missions étrangères*, rue du Bac.

Et ces jeunes hommes écoutaient d'un visage calme et serein, levant parfois leurs yeux vers le ciel où les attendent d'immortelles couronnes. Puis, l'allocution terminée, ils se rapprochent de l'autel, comme pour y puiser une force nouvelle, et, debout sur les marches, ils voient commencer la scène des adieux..... *Qu'ils sont beaux sur les montagnes les pieds de celui qui annonce et qui prêche la paix; de celui qui annonce la bonne nouvelle, qui prêche le salut* [1]! Rempli de cette pensée, chacun des assistants, prêtres, lévites, simples fidèles, s'approchant, vient à son tour presser dans ses bras les nouveaux missionnaires et baiser leurs pieds sacrés. Oh! qui dira l'attendrissement profond, les vœux, les soupirs entrecoupés, les larmes, les paroles brûlantes et les battements de cœur de ces bien-aimés confrères, de ces jeunes amis pressant contre leur poitrine le frère, l'ami, qu'ils ne reverront plus sans doute ici-bas!.... Le ciel a été le seul témoin de leurs pieuses confidences et de l'échange de leurs pensées.

[1] Isaïe ch. LII.

Bientôt tous se retirent ; le silence de la nuit règne dans la sainte maison. Le lendemain, on remarquait cinq places vides aux divers exercices qui se partagent les heures de la journée ; c'étaient celles des cinq nouveaux messagers de la foi. Peu de jours après, les feuilles publiques annonçaient qu'ils avaient fait voile de l'un de nos ports, vers des contrées infidèles, pour y porter la connaissance et l'amour de Jésus-Christ.

Telle est la scène auguste et touchante qui se renouvelle souvent dans cette même enceinte. D'autres pieux asiles de cette capitale envoient aussi chaque année, au-delà des mers, leur tribut de jeunes lévites. Où vont-ils ces nouveaux apôtres qui abandonnent ainsi, à la fleur de l'âge, leur famille, leur pays, et se condamnent volontairement à un perpétuel exil ? Suivez-les à la trace de leurs sueurs ou de leur sang. Ils abordent sur toutes les plages : leur voix se fait entendre dans les villes d'Orient, sur les rives du Gange, dans les provinces de la Chine, au sein des déserts du nouveau monde, sur les sables brûlants de l'Afrique, et dans les îles sauvages de l'Océanie. Partout, de l'aurore au couchant, retentit leur parole sainte. Ah! qu'on vante le dévouement du guerrier fidèle à son prince, du savant qui recule les bornes de la science, du philantrope appliqué à l'étude des améliorations sociales. Je m'associe volontiers à ces justes éloges. Mais le dévouement des missionnaires chrétiens n'est-il pas autrement grand et sublime? Et cette ardeur étrange, qui les enlève à leur patrie pour les transporter joyeux sur les plages les plus lointaines, n'est-elle point elle-même une admirable preuve de la divinité de la foi qu'ils enseignent?

« Les cultes idolâtres, dit l'illustre auteur du *Génie du Christianisme*, ont ignoré l'enthousiasme divin qui anime l'apôtre de l'Evangile. Les anciens philosophes eux-mêmes n'ont jamais quitté les avenues d'Académus et les délices d'Athènes, pour aller, au gré d'une impulsion sublime, humaniser le sauvage, instruire l'ignorant, guérir le malade, vêtir le pauvre et semer la concorde et la paix parmi des nations ennemies ; c'est ce que les religieux chrétiens ont fait et font encore tous les jours. Les mers, les orages, les glaces du pôle, les feux du tropique, rien ne les arrête ; ils vivent avec l'Esquimaux dans son outre de peau de vache marine ; ils se nourrissent d'huile de baleine avec le Groenlandais ; avec le Tartare ou l'Iroquois ils parcourent la solitude ; ils montent sur le dromadaire de l'Arabe, ou suivent le Cafre errant dans ses déserts embrasés ; le Chinois, le Japonais, l'Indien, sont devenus leurs néophytes ; il n'est point d'île ou d'écueil dans l'Océan qui ait pu échapper à leur zèle ; et comme autrefois les royaumes manquaient à l'ambition d'Alexandre, la terre manque à leur charité [1]. »

II.

Ainsi l'Eglise, fidèle à l'ordre divin *d'enseigner toutes les nations*, poursuit, à travers les âges, sa mission civilisatrice et bienfaisante. Depuis les pre-

[1] *Génie du Christianisme*, IV. part. liv. 4.

miers apôtres jusqu'à nous, elle n'a jamais cessé un instant son sublime labeur, qu'elle doit continuer jusqu'à la fin des siècles. Ainsi, tandis qu'on insulte à sa vieillesse, qu'on l'accuse de caducité, de stérilité, elle répond par ses œuvres, et se montre encore aux yeux de tous merveilleusement jeune et féconde. Spectacle admirable et bien digne de nos méditations! Lorsque, de nos jours, l'orgueil rationaliste, parvenu à son apogée, s'épuise pour enfanter la religion nouvelle de l'avenir et du progrès; de tous ces vains efforts de la sagesse humaine, de tous les brillants systèmes qu'elle met au jour, on ne voit sortir que néant, confusion, désolante stérilité. Et voilà qu'au contraire ce catholicisme vieilli, qu'on outrage, se réveille plein de vie, plus vigoureux, plus puissant peut-être que jamais. Il enfante des prodiges de toutes parts; des peuples entiers tombent à ses pieds et embrassent avec transport le signe du salut qu'il fait luire à leurs yeux. Les vastes îles de l'Océanie, évangélisées et civilisées de nos jours par nos missionnaires, sont, entre beaucoup d'autres, un mémorable exemple de la fécondité de notre foi au dix-neuvième siècle. Quant au philosophe rationaliste, en vain chercherait-il un seul être qu'il ait consolé, fortifié, rendu meilleur et plus heureux.

C'est une étude admirable et fertile en enseignements que celle de la marche de la barque de Pierre, voguant d'âge en âge, à travers tous les peuples du monde, pour les convier à s'abriter dans son sein, qui peut seul les conduire au port de la félicité. L'éternel pilote la soutient, la protège, la guide sûrement au milieu des périls et des écueils, apaisant à son gré les vents et les orages, et lui ménageant, dans chaque siècle, des nautonniers habiles pour aider sa marche laborieuse. L'histoire de l'Eglise offre ainsi une succession non interrompue de voies providentielles, par lesquelles la divine sagesse dirige, à travers les temps, ses immortelles destinées. Mais c'est surtout dans la vocation des peuples divers, à la lumière de l'Evangile, que brillent plus évidemment les traits merveilleux de la grâce et de la divine charité. Dieu, *qui veut le salut de tous les hommes, et que tous arrivent à la connaissance de la vérité* [1],

[1] S. Paul. I Ep. à Timoth. II. 4.

prodigue les trésors de sa puissance, quand il s'agit d'amener à la foi une nation païenne et idolâtre. Et déjà, dès le premier siècle du christianisme, n'avait-il pas fait retentir son nom sur toutes les plages? Ecoutez saint Paul, le grand apôtre des nations, disant aux Romains que la foi est annoncée dans tout le monde; écrivant aux Colossiens que l'Evangile est entendu de toute créature, qu'il est prêché, qu'il fructifie, qu'il croît par tout l'univers [1]; et appliquant à ses collégues dans l'apostolat ce passage du Psalmiste : *Le bruit de leur voix a retenti par toute la terre, et leur parole a été portée jusqu'aux extrémités du globe* [2].

Les regards tournés vers la terre, nous ne songeons point à étudier, au-dessus de nous, la marche admirable de la Providence dans le soin qu'elle prend du salut des hommes, dans la variété des moyens qu'elle emploie, et dans les merveilles qu'elle prodigue pour l'obtenir. Que dis-je? Trop souvent même,

1 Epit. aux Coloss. I. 6.

2 Ps. XVIII. 5. — S. Paul. aux Romains. X. 18.

à la vue du grand nombre de peuples infidèles qui, durant de longs siècles, et maintenant encore, n'ont point été éclairés des lumières de la révélation chrétienne, ne sommes-nous point scandalisés et tentés d'accuser la Divinité d'injustice? Mais de quel droit venons-nous, faibles créatures, sonder les plus profonds mystères de la grâce et de la prédestination, et demander raison au Créateur de ses secrets jugements? Humilions-nous plutôt, abaissons devant eux nos fronts superbes, et sans nous enorgueillir d'avoir reçu davantage, ne cessons d'adorer et de bénir les desseins d'un Dieu souverainement bon, souverainement juste, qui redemandera seulement à chacun le fruit du *talent* remis entre ses mains.

Et comment ne pas les adorer et les bénir, ces desseins, quand on parcourt l'histoire de la conversion des peuples au christianisme? Cette histoire n'est-elle pas semée de mille traits merveilleux qui témoignent de la bonté et de la miséricorde du roi du ciel, non moins que de sa puissance infinie? Certes, s'il est des temps et des lieux, dans le cours des âges, où son bras se soit visiblement montré, c'est quand il s'est agi de soutenir et de consacrer les efforts de ces hommes apostoliques, dont la mission fut plus spécialement d'amener les nations infidèles à la connaissance de la divine vérité. Qu'on étudie la vie des saints qui travaillèrent ainsi d'une manière plus directe à étendre son règne sur la terre, on verra que la plupart furent d'illustres thaumaturges, à qui Dieu, jaloux du succès de leur œuvre, avait délégué une part de sa toute-puissance. L'ombre seule de saint Pierre, passant sur les malades, opérait soudain leur guérison [1]; et saint Paul n'ose parler de ce que Jésus-Christ a fait par lui pour soumettre les gentils à l'Evangile, *par la vertu des miracles et des prodiges* [2].

Au troisième siècle, nous voyons briller de l'éclat de ce divin pouvoir saint Grégoire, évêque et apôtre de Néocésarée, que ses nombreux miracles ont fait surnommer *thaumaturge*. Plus tard, c'est le grand

1 Act. des Apôt v. 15.
2 Ep. aux Romains. xv. 18. 19.

saint Martin, l'apôtre des Gaules. Viennent ensuite, entre une foule d'autres, saint Patrice, messager de la foi en Irlande; saint Colomban, l'apôtre des Pictes, des Scots bretons, le fondateur de plusieurs monastères en Allemagne et dans les Gaules; saint Gall, son disciple, l'un des apôtres de la Suisse. Dans les siècles suivants, nous voyons briller, par l'éclat de leurs miracles, non moins que par celui de leurs vertus, le moine Augustin, envoyé par le pape saint Grégoire le Grand pour évangéliser l'Angleterre; saint Boniface, en Allemagne; saint Anscaire, dans le Danemarck et la Suède; et enfin, plus près de nous, l'illustre saint François-Xavier, l'apôtre des Indes et du Japon. Tous ces saints personnages, et tant d'autres qu'on pourrait ajouter à leur suite, prêchèrent la foi par leurs œuvres merveilleuses, *le Seigneur coopérant avec eux*, comme parle l'Ecriture, *et confirmant sa parole par les miracles dont elle était accompagnée* [1]. Aussi les peuples, vaincus par ces prodiges, tombaient-ils à leurs pieds, et, renversant leurs idoles, s'empressaient-ils de se ranger

[1] Evang. S. Marc, XVI. 20.

sous la bannière de la croix, qui leur apparaissait comme le signe éclatant de la vérité et du salut.

A côté de ces glorieux missionnaires de la foi, l'histoire de l'Eglise nous montre souvent de pieux monarques ou quelques vertueuses reines, qui semblent suscités du ciel pour seconder leurs efforts, et travailler de concert avec eux à l'entière conversion de leurs peuples. Tels nous apparaissent, aux premiers siècles, l'empereur Constantin, sainte Hélène sa mère, et Théodose le Grand. A côté de saint Remi, je vois Clovis et l'illustre Clotilde. Puis ce sont en diverses contrées saint Ethelbert, roi d'Angleterre; Récarède et saint Ferdinand d'Espagne; saint Canut, roi de Danemarck; saint Etienne de Hongrie, et enfin sur notre sol l'invincible Charlemagne. Missionnaires ou monarques, ces illustres personnages réunirent à l'envi leurs travaux pour étendre le règne de Dieu sur la terre.

III.

Les annales de l'Eglise nous présentent donc cette

terre que nous habitons comme un vaste champ sur lequel, semblable à un brillant soleil, reluit toujours l'éclat de la puissance et de la bonté divines. Mais, à diverses époques, par la malice et la corruption des hommes, il arrive que, sur quelque portion de ce champ, la nuit étend ses voiles, et la lumière de la foi s'obscurcit ou s'éteint. Alors les cieux gémissent, et de nouveaux secours sont envoyés au monde pour reconquérir l'héritage perdu. Une nouvelle effusion de l'Esprit-Saint se répandant dans le cœur d'autres ouvriers apostoliques, ils s'élancent au loin avec ardeur à la voix du chef de l'Eglise, et regagnent ailleurs le terrain enlevé à l'empire du Christ. Le flambeau de la foi passe d'un peuple à un autre peuple, et l'Eglise, qui déplore l'abandon de ses enfants, n'en demeure pas moins toujours mère féconde et souverainement catholique.

C'est ainsi que la conversion des Gaules, de l'Angleterre, et plus tard d'autres peuples du nord, la dédommageait jadis des pertes qu'elle faisait en Orient par l'hérésie de Mahomet. Dans les siècles suivants et dans le cours du moyen-âge, alors que les schismes, les erreurs, les querelles, les scandales, les désordres, déchirent souvent son sein maternel, elle est fortifiée, protégée et consolée par la voix d'illustres pontifes, ou de ces hommes de la solitude, puissants en œuvres et en paroles, qui, comme saint Bernard, sont les sauveurs de la chrétienté en péril, en la soutenant de tout le poids de leurs vertus et de leur génie. Alors étaient fondés les ordres vénérables des Chartreux, de Cluny, des Prémontrés, de Cîteaux; et la voix de la prière, montant pure et ardente du sein des déserts, jusqu'au trône de la divine clémence, détournait les orages et appelait sur la terre desséchée les rosées du ciel.

Elles tombèrent avec abondance, au plus fort du péril, vers la fin du douzième siècle. Il plut alors à Dieu d'aider son Eglise par la voie directe de la miséricorde. « Jésus-Christ, selon l'expression d'un pieux écrivain, regarda ses pieds et ses mains percés pour nous, et de ce regard d'amour naquirent deux hommes : saint Dominique et saint François d'Assise [1]. » L'institution des frères Prêcheurs et des frères Mineurs fut comme le signal d'une nouvelle ère de force et de vigueur dans l'Eglise, en lui communiquant une sève plus féconde, qui vivifia de nouveau tout le monde chrétien. Les travaux bienfaisants de ces deux illustres patriarches et ceux de leurs innombrables disciples, perpétués jusqu'à nos jours, ne seront jamais trop admirés. Ils ont porté la foi en tous lieux jusqu'aux extrémités du globe ; et chaque jour encore l'instruction et la civilisation de peuples barbares sont le fruit de leurs généreux efforts.

Vers la fin du quinzième siècle, lorsqu'une portion du nord de l'Europe allait s'ébranler à la voix de Luther, et, trop facilement séduite par l'erreur, se détacher de l'unité catholique, l'Eglise affligée tourna ailleurs ses regards maternels. Elle envoya ses serviteurs par les chemins de l'Océan, pour chercher les pauvres peuples errants sur ses plages, oubliés de l'histoire, inconnus de la science, et les inviter à venir remplir les places laissées vides. Le grand na-

1 Le P. Lacordaire, *Vie de S. Dominique.*

vigateur chargé le premier de ce ministère, Christophe Colomb, venait de l'accomplir avec une religieuse pensée. Des missionnaires nombreux poursuivent aujourd'hui avec succès l'œuvre des premiers missionnaires de l'Amérique, et la vaste chrétienté du nouveau monde est, de nos jours, l'une des plus florissantes portions du domaine de l'Eglise.

En même temps que les savanes et les forêts de la jeune Amérique, défrichées et rendues fécondes par les sueurs du dévouement chrétien, se réjouissaient de voir enfin leurs enfants entrer dans la voie de la civilisation et du salut, Dieu prenait soin encore de consoler son Eglise sur le vieux continent, en lui donnant de nouveaux témoignages de sa protection. Aux efforts naissants de Luther, de Calvin et des autres prétendus réformateurs, il opposait un formidable rempart; c'était l'illustre et vénérable Compagnie de Jésus, le plus redoutable marteau de l'erreur protestante. Contemporaine de ces trop fameux hérésiarques, elle entre aussitôt, par ses premiers enfants, dans cette carrière de luttes et de combats, qu'elle soutient depuis trois siècles contre tous les ennemis de l'Eglise, avec tant de gloire et d'héroïque charité. Et déjà alors, au seizième siècle, un de ses plus nobles fils inaugurait dignement au-delà des mers sa providentielle apparition. Le zèle et les conquêtes de saint François-Xavier, l'apôtre des Indes, réparaient les pertes que l'Eglise faisait en Europe par le schisme et l'hérésie.

Dans notre siècle, quand l'orgueil philosophique, le dédain ou l'indifférence pour notre vieille foi, semblent plus que jamais désoler notre sol, la barque de Pierre flotte toujours en assurance, recevant chaque jour de nouveaux enfants dans son sein. Et n'est-elle pas amplement dédommagée du mépris des faux sages, par ces retours éclatants à l'unité, qui, de toutes parts, en France, en Angleterre, aux Etats-Unis, en Allemagne, en Suisse, sont offerts à nos yeux? Les fils d'Israël, s'ébranlant eux-mêmes, reconnaissent le Messie, et on les voit par groupes accourir à l'eau sainte, qui efface la tache du déicide empreinte sur leur front.

D'autres consolations, au milieu de ses douleurs, sont ménagées encore à l'Eglise dans ces derniers temps. L'Océanie, dernière conquête de la navigation moderne, vaste chaîne qui lie par le midi l'ancien et le nouveau monde, commence aussi à prendre place dans l'histoire de l'humanité et du christianisme. Déjà les nombreux archipels de la mer du sud ont écouté la voix de nos missionnaires, et des milliers d'insulaires, prémices des fruits de leur zèle, sont entrés avec joie dans la grande famille chrétienne.

Enfin, sur les plages brûlantes des contrées de l'Afrique, conquises par nos vaillantes armes, des autels au vrai Dieu sont dressés de toutes parts. L'islamisme s'ébranle et chancelle autour de la patrie d'Augustin. La croix a franchi l'Atlas, elle est allée couronner les minarets des villes musulmanes; les Arabes du désert ne la maudissent plus, car ils savent tout ce qu'elle mène après elle de charité et de dévouement [1]. Peut-être le jour n'est-il pas bien éloigné, où dans ces régions jadis si florissantes, le

[1] *Annales*. Compte rendu de 1843.

croissant du prophète tombera devant ce Signe du salut, comme la puissance algérienne est déjà tombée devant la valeur de nos légions.

Tels sont quelques-uns des grands spectacles que les annales de l'Eglise offrent à nos regards et à nos méditations. Jamais cette tendre mère n'a failli à sa tâche sublime : jamais ses pieds divins ne se sont lassés dans la poursuite des brebis encore éloignées du bercail. Ainsi poursuit-elle sa marche bienfaisante, enseignant les nations, les civilisant, et, par de constants efforts et les prodiges de la grâce qui lui fut donnée, les conviant à rentrer dans le port, où elles trouveront leur immortelle félicité.

IV.

L'éternel honneur de notre siècle et de notre pays sera d'avoir été fidèle à cette loi de propagation de la vérité par la parole, à laquelle est tenue en tout temps toute nation comme chaque individu, selon la juste mesure de sa force et de sa puissance. Jamais peut-être, depuis les temps apostoliques, on n'avait vu une armée si nombreuse, si bien organisée de zélés missionnaires, porter partout la lumière de l'Evangile ; et, au prix des plus grands sacrifices, planter la croix sur les bords les plus lointains. Ils enveloppent le monde entier d'un immense réseau de charité ; et, dans ces sublimes dévouements, la France, nation privilégiée, nation toujours prête aux grandes choses, revendique à bon droit la meilleure part.

Oui, c'est de nos ports que partent chaque année ces nouveaux et intrépides essaims d'apôtres, empressés de voler au-delà des mers, pour remplacer ceux de leurs frères, dont les fatigues ou le glaive du martyre viennent d'interrompre les travaux. C'est notre sol qui enfante ces nouvelles congrégations de missionnaires qui, à leur berceau, rivalisent déjà de gloire avec leurs sœurs aînées [1].

La France, où s'agitent et se débattent tant d'in-

1 La société de Picpus et la société de Marie, auxquelles sont confiées les missions de l'Océanie.

térêts divers, où luttent tant de passions et tant d'erreurs, est cependant aujourd'hui encore cette nation civilisatrice et missionnaire, que Dieu semble s'être choisie comme le principal instrument de ses desseins de miséricorde et d'amour envers les autres peuples. C'est par là surtout qu'elle est vraiment grande et digne de nos éloges. C'est par sa foi que cette *fille aînée de l'Eglise* tient le premier rang entre toutes les autres, et qu'elle sera préservée sans doute des maux qui la menacent.

Rassurons-nous donc et prenons confiance. Vainement l'impiété et le schisme épuisent-ils leurs efforts parmi nous, la France leur a noblement répondu de nos jours en fondant *l'Œuvre de la propagation de la foi* [1].

1 L'œuvre de la ***Propagation de la Foi, en faveur des missions des deux mondes***, fondée à Lyon en 1822, a pour but d'aider, par des prières et des aumônes, les missionnaires catholiques chargés de la prédication de l'Evangile. Les prières sont un ***Pater*** et un ***Ave*** chaque jour, avec l'invocation : ***Saint François Xavier, priez pour nous***. L'aumône est ***d'un sou par semaine***. Deux conseils établis, l'un à Lyon, l'autre à Paris, répartissent les aumônes entre les diverses missions. Ces aumônes se sont élevées, en 1844, à la somme de 3,540,903 f. 86 c.

Les *Annales de la propagation de la foi*, recueil destiné à faire suite aux *Lettres édifiantes*, nous révèlent aujourd'hui dans tous leurs détails les travaux de nos missionnaires dans les diverses parties du globe. Chacun de nous peut donc revendiquer l'honneur d'y concourir pour une part. Notre obole par semaine et notre prière quotidienne forment un double trésor qui, porté sur les plages infidèles, y fructifie merveilleusement pour la gloire de Dieu et le salut des nations. Mais quels fruits plus abondants, quelles moissons immenses ne seraient pas recueillis, si cette œuvre bénite et sainte qui les fait éclore, plus connue, mieux appréciée, prenait une extension plus grande; et si, dans un avenir sans doute éloigné encore, mais qu'on peut déjà pressentir, elle comptait autant d'associés que l'Eglise compte de fidèles enfants

Dans le désir de hâter la réalisation de ce vœu,

L'œuvre de la *Propagation de la Foi*, accueillie par les évêques des différentes contrées, recommandée dans une foule l mandements et de lettres pastorales, a été favorisée en plusieurs occasions de la bénédiction du saint-siége, qui l'a enrichie de nombreuses indulgences.

nous avons groupé divers fragments de ces *Annales*, choisis parmi ceux qui ont paru les plus propres à intéresser et à émouvoir. On aimera à contempler, dans ces récits empreints de tant de foi et de charité, le tableau des vertus, des travaux, des fatigues, des souffrances ou du martyre de nos nouveaux missionnaires ; comme aussi celui du triomphe éclatant de la grâce chez les peuples qu'ils vont évangéliser.

Et quel plus touchant, quel plus digne spectacle pourrait être offert à nos regards ? Ce sont nos concitoyens, nos amis, nos frères, qui, dans un siècle d'égoïsme et d'indifférence, sacrifiant patrie, famille, richesses, honneurs, tous ces biens enfin que le monde préconise et poursuit, se dévouent tout entiers, et s'immolent victimes volontaires pour procurer la vie du ciel à de pauvres sauvages.

Ils vont annoncer aux tribus indiennes, aux enfants des savanes, des forêts ou des *Montagnes Rocheuses*, qu'ils sont eux aussi les enfants bien-aimés du *Grand-Esprit*, et que de magnifiques destinées les attendent dans le *pays des âmes*. Et voilà qu'aussitôt ces peuplades, dociles à la voix des *Robes-noires*, qu'ils révèrent comme des envoyés célestes, renversent leurs idoles, abolissent leurs coutumes barbares, s'humanisent et se civilisent par degrés. O merveille! ceux qui naguères, vivant dans les bois, se rapprochaient plus de la brute que de l'homme, maintenant imitent la vie des anges. On croirait voir revivre ces *réductions* des chrétiens du *Paraguay*, chez lesquels, suivant les expressions d'un illustre écrivain, « l'hospitalité, l'amitié, la justice et les tendres vertus découlaient naturellement de leur cœur, à la parole de la religion, comme des oliviers laissent tomber leurs fruits mûrs au souffle des brises [1]. » Oui, de nos jours, il est mainte peuplade à qui nos nouveaux missionnaires, en lui donnant l'Evangile, ont donné la véritable félicité, et où revivent les ravissantes images de cette *république chrétienne*, que Muratori a peinte d'un seul mot, en intitulant la description qu'il en a faite : *la chrétienté heureuse. Il cristianesimo felice.*

Qui ne serait jaloux et fier de s'associer à l'œuvre

[1] Chateaubriand, *Génie du Christianisme.*

de ces vrais bienfaiteurs de l'humanité! Quelle activité, quelle gloire n'en revient-il pas à nous-mêmes! « En assistant, dirons-nous avec l'un des écrivains de nos chères *Annales*, en prenant part à ces combats de l'Eglise, pour le service de Dieu, à ces morts victorieuses, à ces confessions intrépides des néophytes, à tant de sacrifices et de vertus, il faut bien, tôt ou tard, qu'on ait honte de soi-même et qu'on veuille aimer Dieu davantage; on s'attache plus tendrement à cette bonté éternelle qu'on voit sans cesse occupée à solliciter les hommes, sans cesse repoussée par la haine et le mépris. On finit par se pénétrer de cette sainte passion si énergiquement exprimée par Bourdaloue, lorsqu'il montre « les intérêts de Dieu remis en nos mains, tellement que nous en devons être les garants, et qu'autant de fois qu'ils souffrent quelque altération et quelque déchet, Dieu a droit de s'en prendre à nous, puisque le dommage qu'ils éprouvent n'est que l'effet et une suite de notre infidélité... Quand vous travaillez pour vous-mêmes, continue-t-il, comme vous êtes vous-même petits; quoi que vous fassiez, tout est petit, tout est borné, tout est réduit à ce néant inséparable de vos personnes et de vos états. Mais quand vous vous intéressez pour Jésus-Christ, tout ce que vous faites a je ne sais quoi de divin. » Ce n'est pas en effet une vaine formule que cette invocation : « Saint François-Xavier, priez pour nous. » Invocation qui rappelle la mémoire de cet homme, à qui l'amour divin ne laissait pas de repos. Ce denier recueilli chaque semaine, c'est une coopération à la rédemption du monde par le Sang de Jésus-Christ. Voilà l'ouvrage auquel nous nous associons. A l'exemple du Sauveur, nous commençons à aimer les hommes, sans ces liens plus étroits que forme la communauté de race, de patrie et de religion ; à en aimer autant que le Sauveur en aima sur la croix. Chez ces peuples pervers, maudits par les voyageurs ; parmi ces tribus cannibales dont on nous a raconté les horribles festins, nous ne voyons plus que des âmes immortelles, souverainement dignes de pitié et de dévouement. En apprenant ainsi à secourir des misères absentes, comment resterions-nous insensibles à celles que nous voyons, que nous touchons, qui nous attendent au seuil de nos portes, dans nos rues, au fond de nos prisons et de nos hôpitaux? Non, l'Œuvre de la Propagation de la Foi, en tournant le cours de la charité vers des contrées lointaines, n'ôte rien aux pauvres de nos villes.....

« Que sera-ce si, nous élevant à des vues plus hautes et plus dégagées des pensées de la terre, nous regardons où vont nos offrandes. Elles prennent le même chemin que nos prières. Elles vont dans ces trésors de Dieu, où l'obole de la veuve est comptée, où un verre d'eau n'est pas perdu, où nul ne donne tant, qu'il ne reçoive bien davantage. Nos faibles mérites vont s'y confondre avec ceux des apôtres, des martyrs, de tant de catholiques souffrants, persécutés. Entre eux et nous tout est commun : nous avons une fleur dans toutes leurs couronnes; il n'y a pas une de leurs larmes que les anges recueillent, qui ne prie au ciel pour nos péchés, qui ne fasse descendre la miséricorde sur nos têtes et sur nos maisons. Nous ne sommes oubliés dans aucune de leurs supplications; ils ont appris à prier pour nous en voyant chaque année, au temps de la commémoration des morts, leurs prêtres monter à l'autel pour les associés défunts de la Propagation de la Foi. Les Pères du dernier concile américain de Baltimore s'unissent aux évêques de la Chine et de la Corée, afin de nous bénir. Rien ne peut résister à cette sainte conspiration. Si la moitié de l'Europe, au seizième siècle, tint ferme contre les tentatives de la réforme et contre ses violences, peut-être fût-elle secourue plus qu'elle ne le pense par ces nombreux missionnaires italiens, français, allemands, portugais, espagnols, qui portaient la foi dans les deux mondes? Peut-être le salut de plus d'un peuple fut-il décidé par l'immolation volontaire de ces milliers de chrétiens qui mouraient au Japon, ou par la prière innocente de ces pauvres sauvages du Canada qui sortaient de l'eau baptismale? Et maintenant que nous voyons se fonder tant d'églises nouvelles, les chrétientés se multiplier sur toutes les côtes de l'Asie, de l'Afrique, de l'Amérique, dans toutes les îles de l'Océanie, ne semble-t-il pas qu'en allumant autour de nous tant de foyers de charité, la Providence veuille réchauffer enfin nos vieilles églises qui se refroidissaient?

» Et c'est nous, associés de la Propagation de la Foi, qui sommes choisis pour être les artisans de ce dessein. Quand, dans les chantiers d'un port, des manœuvres se courbent sur le bois qu'ils ajustent, combien peu comprennent l'importance de leur travail! Cependant ces bois rassemblés formeront le navire qui portera sur toutes les mers le pavillon de la patrie, entouré de souvenirs et de gloire. Ainsi nous sommes les manœuvres, et nos aumônes sont les faibles moyens que Dieu veut bien employer pour former et mettre à flot la barque de l'apostolat. Mais cette barque porte l'étendard de la croix, et avec lui toute la lumière et toute la civilisation du monde [1]. »

Dans l'un de ces fragments de lettres que nous allons rapporter, on raconte qu'un jour un pauvre missionnaire, un religieux de la Compagnie de Jésus, cheminant à travers les forêts d'Amérique pour aller évangéliser quelques tribus sauvages, vit soudain accourir à lui une bande d'Indiens. Le chef ayant

[1] Annales de la propagation de la foi. — Mai 1845. — Compte rendu de 1844.

demandé qui était cet homme. « C'est, lui répondit-on, une *Robe-noire*, un homme qui parle au *Grand-Esprit*. »

Aussitôt le sauvage devient respectueux, et ordonne à ses gens de mettre bas les armes ; on se touche la main et on fume le calumet en signe de paix et d'amitié. Puis, après un banquet improvisé, douze de ces Indiens, en grand costume de guerre, étendent aux pieds du missionnaire une large peau de buffle, l'invitant à s'asseoir au milieu. Saisissant ensuite ce pavois rustique par les extrémités, ils le soulèvent de terre, et précédés de celui qui les commandait, ils le portent en triomphe jusqu'à leur village. Là, le chef l'introduit dans sa tente, rassemble l'élite de ses guerriers, lui fait prendre au milieu d'eux la place d'honneur et lui dit : « *Robe-noire*, ce jour est le plus heureux de ma vie [1]..... »

Comme ces bons sauvages du pays des *Pieds-noirs*, nous avons essayé nous aussi de rendre quelque hommage à nos chers missionnaires d'au-delà les

1 Voir t. II, Missions d'Amérique, lettre du P. de Smet.

mers. Recueillant dans leurs propres récits quelques-unes des fleurs qui forment la couronne de leur généreux sacrifice, nous avons donc tressé une autre sorte de pavois d'honneur, sur lequel les élevant à notre tour, nous venons les présenter à nos frères. Puissent-ils, en les contemplant, les admirant, par la prière et l'aumône, s'associer à leurs œuvres, et centupler ainsi les fruits déjà si abondants de leurs héroïques travaux !

MAXIME DE MONT-ROND.

Paris, ce 29 juin, fête de saint Pierre, apôtre.

LETTRES, RÉCITS ET FRAGMENTS DIVERS.

MISSIONS DU LEVANT.

I.

COLLÉGES DE PÉRA ET DE GALATA.

BAPTÊME DE TROIS JEUNES NÈGRES.

Fragments d'une lettre de M. Leleu, missionnaire Lazariste, à M. Etienne, procureur-général de la congrégation de Saint-Lazare.

Constantinople le 14 juin 1837.

« ...... Il faut que je vous dise quelques mots maintenant de nos deux établissements de Péra et de Galata; car c'est sur eux surtout que se fondent nos espérances, c'est de ce côté que se dirigent nos efforts; nous nous aperccevons déjà du bien que nous pouvons faire par leur moyen. La seule manière de régénérer le pays, c'est de bien élever la génération naissante; nous éprouvons de grandes entraves à nos efforts, mais nous espérons vaincre par la constance. Déjà nous avons formé quelques jeunes gens qui, rentrés dans le monde, réussissent et se conduisent fort bien. Notre cours de physique, qui a lieu deux fois par semaine, est assez fréquenté; il pourra nous donner occasion d'en créer encore plusieurs autres; de littérature, par exemple, de philosophie et d'histoire. S. François de Sales avait établi une académie à Annecy, pour remédier à l'oisiveté. Celle que nous établirons aura pour but de remédier à l'oisiveté et à l'ignorance. On peut détruire bien des erreurs, redresser bien des idées fausses, dans des cours de ce genre. Avec l'ignorance une autre plaie, c'est la profusion des mauvais livres; on trouve ici tout ce que les presses françaises ont produit de plus cynique et de plus impie; aussi plusieurs familles arméniennes sont-elles persuadées qu'apprendre le français et conserver la foi et les mœurs sont deux choses incompatibles. Vous comprenez la nécessité urgente de combattre, par de bons livres, tout le mal que font les mauvais. Vous savez que notre bibliothèque compte près de trois mille volumes; nous les prêtons à nos amis et surtout à nos anciens élèves, qui finiront ainsi par acquérir une grande supériorité. Nous nous mettons en mesure de monter une imprimerie; déjà la presse et les caractères francs sont en partie achetés et les caractères arméniens commandés; bientôt ceux-ci seront envoyés. Alors il ne nous manquera plus que des caractères grecs, qu'il est facile de se procurer à Constantinople. Nous imprimerons donc dans toutes les langues usitées dans cette capitale de l'Orient. Un fort bel atelier de reliure, dirigé par l'un de nos frères avec l'aide de deux ouvriers, complète notre établissement. Nous pourrons répandre désormais à profusion les bons ouvrages, et les livres de piété surtout; nous jetterons même de temps en temps dans le public quelques petites brochures de controverse contre les Arméniens hérétiques; car il en est beaucoup qui n'ont besoin que d'être éclairés pour revenir à l'unité de la Foi. J'espère que nos philosophes modernes ne nous reprocheront pas de travailler à étouffer les lumières.

« ...... Nous venons de baptiser trois nègres, dont l'histoire est assez intéressante pour que je vous en entretienne un instant. Un seigneur russe, ayant eu fantaisie d'avoir des nègres à son service, apparemment comme objet de luxe, chargea un comte illyrien de faire le voyage d'Alexandrie et de lui en acheter trois des mieux faits qu'il pourrait trouver. Le comte s'acquitta de sa commission, et revint par Constantinople. Des circonstances particulières l'ayant obligé de s'arrêter quelques mois dans cette ville, nous fîmes sa connaissance; il nous parla de ses jeunes nègres, de leurs progrès dans la langue italienne, de leur bonne mine, de leur docilité, de la douceur de leur caractère, mais nullement du salut de leurs âmes. Hélas! on n'est que trop habitué à les traiter comme s'ils n'en avaient pas! Nous lui demandâmes s'il s'était occupé de les instruire et de leur faire donner le baptême ; il nous répondit ingénument qu'il n'y avait même pas pensé : « d'ailleurs, ajoutait-il, l'un étant circoncis appartient à la religion de Mahomet, et ce serait chose dangereuse de le baptiser ici. » Les deux autres devaient être idolâtres. Nous lui proposâmes de nous les confier tous pour quelques mois, avec engagement de les lui rendre quand ils seraient instruits de la doctrine catholique ; il y consentit. Nous commençâmes par les interroger sur ce qu'ils croyaient. Ils avaient été enlevés trop jeunes de leur pays pour avoir des idées arrêtées sur la religion. L'aîné, âgé d'environ quinze ans, savait à peu près ce que les Turcs connaissent ordinairement de l'Alcoran, c'est-à-dire un amas d'anecdotes incohérentes et absurdes. Les deux autres, qui paraissent avoir de treize à quatorze ans, et qui n'étaient pas circoncis, n'avaient pour toute religion qu'une crainte puérile du démon, et ils l'invoquaient pour fléchir, disaient-ils, sa colère. Nous n'eûmes pas beaucoup de peine à leur persuader d'abandonner ces pratiques insensées. En assez peu de temps ils eurent appris les articles principaux du Catéchisme, et commencèrent à soupirer après le baptême ; on le leur différa cependant pour les éprouver et les habituer un peu à la sainteté de la vie chrétienne, à prier, à modérer leur petite colère, à être laborieux et soumis. Chaque jour ils répétaient : « Quand est-ce donc qu'on nous versera l'eau sur la tête ? » Ils étaient si heureux, qu'ils ne savaient comment exprimer leur bonheur. Un jour, le plus jeune d'entre eux contemplait attentivement le soleil ; il paraissait s'entretenir avec lui. « Que faites-vous donc, lui dit-on ? — Je charge le soleil d'une commission. — Que lui dites-vous ? — Beau soleil, on dit que tu vas dans tous les lieux du monde; sans doute que tu verras ma mère: eh bien! dis-lui qu'elle ne me pleure pas, que je suis bien heureux, que je vis avec des blancs qui ont bien soin de moi, qu'ils ne me battent pas, et qu'ils m'ont appris à connaître la religion du grand Allah (Dieu). » Le jour de leur baptême mit le comble à leurs vœux; ils allaient baiser la main à tout le monde, et criaient : « Moi, je m'appelle Paul; moi, je m'appelle Vincent; moi, je m'appelle Félix. » Rien de plus touchant que les sentiments qu'ils exprimaient; il y avait dans tout leur être une ingénuité et un air de joie qui faisaient verser des larmes d'attendrissement. Six semaines après, ils ont fait leur première communion avec de grands sentiments de piété; on les a remis ensuite à leur maître.

» La manière dont les Turcs traitent les nègres fait véritablement horreur. Des marchands vont les acheter en Egypte ou en Arabie, et les amènent ici dans de petites barques, entassés les uns sur les autres. Comme on leur donne à peine de quoi manger dans la route, ils arrivent exténués de maigreur, et quelquefois ils ne peuvent se soutenir. On les conduit des barques au marché, où les Turcs seuls ont droit d'aller, parce qu'ils prétendent que tous les noirs sont à eux. Aussi fallait-il voir comme nos petits nègres fuyaient, du plus loin qu'ils apercevaient un Turc. A Alexandrie, les Francs vont eux-mêmes au marché, et les esclaves viennent souvent se prosterner à leurs pieds, leur baiser les genoux pour les conjurer de les acheter; parce qu'ils savent qu'ils seront mieux chez eux que chez les Turcs. D'autres fois, c'est parce qu'ils sont chrétiens, car il y a des chrétiens en assez grand nombre dans l'Ethiopie. Dernièrement arrivait d'Egypte un bâtiment turc, à bord duquel se trouvaient vingt négresses : sept d'entre elles étaient chrétiennes...... »

II.

LA FÊTE-DIEU A CONSTANTINOPLE.

Lettre de M. Leleu, préfet apostolique de la mission des Lazaristes à Constantinople, à M. Etienne, procureur-général de la congrégation de Saint-Lazare.

Constantinople, le 25 juin 1839.

» J'OBÉIS à vos recommandations expresses, en vous adressant un court récit de la procession de la Fête-Dieu à Constantinople.

» Par un heureux concours de circonstances nous avions parmi nous cinq évêques de quatre rits différents, et un sixième élu, mais non encore sacré. Nous pensâmes faire chose honorable pour la catholicité de montrer solennellement dans cette ville aux mille sectes, où l'islamisme, le judaïsme, le schisme et l'hérésie se pressent et se confondent, la belle et grande unité de l'Eglise, au milieu de la diversité des rits qu'elle sanctionne. Nous invitâmes donc nosseigneurs les évêques à concourir par leur présence à la pompe de cette belle cérémonie, en y représentant chacun leur nation. Tous sans exception accueillirent notre invitation avec un vif empressement. La foule se réunit à nous dans notre église; le clergé arménien catholique nous attendit dans la sienne, où la procession devait se rendre. Il ne manquait qu'un évêque melchite, ou du rit grec uni, qui se trouva indisposé. Monseigneur Hilléreau, archevêque de Petra *in partibus*, et vicaire apostolique latin de Constantinople, présidait et portait le Saint-Sacrement; Mgr. Joseph Borghi, de l'ordre des Capucins, évêque nommé de Bethsaïde *in partibus*, et destiné à résider à Agra dans l'Hindoustan, assistait avec Mgr. l'évêque chaldéen de Mossul. A la porte de l'église catholique arménienne nous fûmes reçus par Mgr. Marouch, archevêque primat des Arméniens, et par Mgr. Kiévarc, archevêque démissionnaire de la même nation. Tous les évêques étaient dans leur costume respectif le plus pompeux. Une grande partie du clergé latin de Constantinople s'était rendue chez nous, et le clergé arménien s'était réuni autour de son digne prélat. Il est impossible de décrire l'effet que produisait dans la vaste et belle église arménienne cette admirable réunion. Il faudrait aller bien loin pour trouver cette magnificence, et, si j'ose le dire, cette originalité de costumes et de chants divers : on dirait deux mondes, l'Europe et l'Asie, venus à Constantinople sur leurs limites respectives, dans un temple catholique, se donner le baiser de paix. Nulle part peut-être, hormis dans le magnifique sermon de Bossuet sur l'unité de l'Eglise, cette unité n'apparaît plus sensible et plus belle : *Quàm pulchra tabernacula tua, Jacob! quàm pulchra tentoria tua, Israel!* « Que vos tabernacles sont beaux, ô Jacob! Israël, que vos tentes sont belles! » Le peuple oriental, si accessible aux impressions des sens, n'aura pas vainement assisté à ce spectacle. Les Grecs, les Arméniens schismatiques, les Nestoriens, les Jacobites, ces innombrables sectes auxquelles Constantinople, la mère de l'hérésie, a donné naissance ou abri, devaient être troublées par bien des remords, et devaient se sentir le besoin de se frapper la poitrine. Rien parmi elles ne ressemble aux divers clergés catholiques; ni la pompe des cérémonies, ni la dignité des évêques, ni la gravité des prêtres, rien n'approche de cette Église où est *la vérité* et *la vie*, et qui donne vraiment une vie immortelle à tout ce qu'elle touche!

» Outre le clergé qui était fort nombreux, et les enfants de notre collége qui faisaient partie de la procession, rangés sur deux lignes, nous y avions réuni soixante jeunes demoiselles vêtues de blanc et divisées en trois groupes : le premier entourait une statue du Christ ressuscité, le second groupe une statue de l'immaculée Conception de la sainte Vierge, et le troisième l'image de sainte Philomène. Chaque groupe était distingué par des ceintures de couleur différente. Ces chœurs étaient chose neuve et hardie à Constantinople; l'attention publique en fut singulièrement intéressée. Les femmes turques ne revenaient pas de leur admiration ; on les entendait s'écrier : « Grâces soient rendues à Dieu, qui a permis qu'avant de mourir nous vissions un tel spectacle! » Elles se promettaient bien de revenir l'an prochain *à la fête des roses;* c'est ainsi que les Turcs appellent la Fête-Dieu.

» Ce jour-là nous avions aussi voulu nous montrer français. Plusieurs capitaines, dont les bâtiments étaient en station dans le port, nous ayant offert gracieusement leurs pavillons, nous en déployâmes un magnifique sur le haut de la tour de notre église, au bout d'un long mât; d'autres flottaient aux quatre coins de notre enclos; c'était vraiment une image de la France sur des bords étrangers :

> . . . . Parvam Trojam simulataque magnis
> Pergama.

Vous ne sauriez croire avec quel plaisir, à cette distance de la patrie, on voit flotter son drapeau, et surtout avec quel orgueil les Français le contemplent. C'est en effet le drapeau du catholicisme dans ces contrées. L'ambassade de France est presque seule chargée du patronage officiel de la religion catholique en Turquie; et je dois dire à la gloire du noble amiral Roussin, qu'il ne néglige pas une occasion de servir l'Eglise, et qu'il fait bénir le nom français en Orient par des milliers de catholiques qui lui dûrent souvent le maintien de leurs droits.

» Au retour de la procession, la grand'messe fut chantée par Mgr. l'évêque élu de Bethsaïde. Nosseigneurs les évêques voulurent bien accepter l'invitation de s'asseoir à notre table. Le dimanche suivant nous vîmes de nouveau cette réunion d'évêques au sacre de Mgr. l'évêque de Bethsaïde; et même l'évêque melchite, remis de son indisposition, s'y était rendu; il portait le costume grec, sans aucune modification; il était accompagné de deux prêtres également revêtus de leur costume national; de manière que vous auriez cru assister à la réconciliation de l'Eglise grecque. Au reste, ce retour à l'unité est le cher et secret désir des intelligences les plus distinguées de la Grèce; il leur est aisé de comprendre que leur faiblesse est dans l'isolement, et que, pour la liberté, il n'y a rien à attendre des traditions byzantines. Naguère, conversant avec un des membres assez haut placé de ce clergé, je l'interrogeais sur l'état de son église; il me parlait des vexations exercées dans les îles Ioniennes par les Anglais, qui veulent à tout prix y fonder le protestantisme. « Comment, lui disais-je, les Grecs, qui ont en leur faveur des capitulations garanties par toute l'Europe, ont-ils laissé toucher à leur religion ? — Que pouvaient-ils faire, me répondit-il ? — Ce qu'ont fait les Maltais, lui répliquai-je à dessein. Malte n'est qu'une île : vous en avez sept. Les Maltais, avant cette année, n'avaient pas même laissé bâtir à leurs maîtres un temple hétérodoxe. — Sans doute, me dit-il; mais les Maltais ont pour eux la grande voix, c'est le pape qui se fait entendre partout. — Et vous, lui dis-je, n'avez-vous pas celle de votre patriarche ? — Oui; mais qui l'écoute ? le plus petit fonctionnaire turc le fait trembler. — S'il en est ainsi, lui dis-je, que vous reste-t-il à faire, si ce n'est de consommer ce que vous aviez si bien commencé au concile de Florence ? — Nous le sentons, me répondit-il; mais qui pourrait le persuader à un clergé nourri d'ignorance et de préventions ? » De semblables paroles sont des espérances. Dieu a des desseins sur ces malheureuses contrées de l'Orient, nous n'en pouvons douter ; tout ce qui se fait à cette heure solennelle nous en est garant. Prions donc, afin que cette volonté miséricordieuse qui est au ciel s'accomplisse bientôt sur la terre.

» Ici l'œuvre du bien grandit d'une manière admirable et inattendue. D'après les dispositions que j'ai prises, et les promesses que vous m'avez faites, cette année, j'en ai la confiance, Constantinople verra des filles de Saint-Vincent de Paul dans son sein. Cette capitale de l'Islamisme, rougie du sang de tant de martyrs, l'effroi du nom chrétien, voit déjà se déployer toutes les pompes de la religion sainte qu'elle se croyait appelée à anéantir. Avec la Foi de Jésus-Christ reparaissent aussi les œuvres qu'elle a enfantées pour le bonheur des peuples. Déjà tout est fait pour l'instruction des jeunes gens ; de vastes écoles leur sont ouvertes. Les filles de la Charité vont venir apporter aux jeunes filles le même bienfait ; une maison leur est préparée ; elles sont attendues avec impatience. Ce n'est pas tout, sans aucune impulsion de ma part, un certain nombre de négociants ont conçu la généreuse pensée d'organiser un bureau de charité ; ils m'ont prié de me rendre au milieu d'eux, de présider leur assemblée, et de prendre des mesures pour réaliser leur projet. Ne semble-t-il pas que déjà Constantinople cesse d'être la ville de Mahomet, pour redevenir la ville chrétienne de Constantin et de saint Chrysostôme ? Quel avenir si nous en sommes dignes !

III.

LES ENFANTS DE S. VINCENT DE PAUL

A CONSTANTINOPLE ET A SMYRNE.

Fragments d'un mémoire adressé aux deux conseils de l'œuvre de la Propagation de la Foi, par M. Etienne, procureur-général de Saint-Lazare.

Malte, le 29 novembre 1840.

« APPELÉ par une circonstance toute providentielle à visiter les missions de notre congrégation établies dans le Levant, j'ai pu, dans ce voyage, étudier l'état actuel du catholicisme et ses espérances dans cette partie du monde, vers laquelle se tournent en ce moment tous les regards de l'Europe. Je profite des loisirs, auxquels me condamne la longue quarantaine de Malte, pour recueillir mes souvenirs et vous communiquer le précis de mes observations. Les détails que j'ai à vous donner intéressent d'autant plus votre œuvre, qu'ils présentent le double tableau et des résultats déjà obtenus à l'aide de son généreux concours, et des consolations que l'avenir lui promet en échange de nouveaux sacrifices.

» A mon avis, la question d'Orient qui occupe tous les esprits, qui absorbe l'activité des hommes d'état et fait craindre au sein de l'Europe une conflagration générale, ne peut être résolue que par le catholicisme. Voyez l'empire turc, ce colosse qui inspira tant d'effroi à nos pères, il est ébranlé jusque dans ses fondements; de toute part il s'affaisse sous son propre poids et menace d'une chute prochaine. Les immenses lambeaux qui s'en détachent, attestent assez que ce grand corps se dissout. Or, cette dissolution, dans les desseins présumables de la Providence, a pour but de mettre fin au châtiment qui pèse depuis des siècles sur les nations orientales, de briser les chaînes expiatrices qui les ont tenues si longtemps sous le joug de l'infidélité, et de leur rendre, avec la religion qui fit jadis leur gloire et leur bonheur, la vie sociale qu'elles ont perdue avec la foi. Aussi sont-ils dans une grande erreur ceux qui pensent qu'il leur est donné de fixer les destinées de ce peuple, de s'approprier ou de se partager à leur gré ses dépouilles. De même qu'ils étaient loin de prévoir, il y a quelques années, l'état où se trouve aujourd'hui la Turquie, ainsi sont-ils impuissants à déterminer de quel côté elle doit tomber, et à qui appartiendront ses ruines. Dieu laissera les hommes s'agiter, et les gouvernements rivaux tirailler en tous sens cet empire agonisant; tous leurs efforts n'auront d'autres résultats que de donner à l'Evangile le temps de s'établir partout, de rallier les esprits et de s'enraciner dans les cœurs. La dernière heure de la puissance ottomane ne sonnera que quand son patrimoine sera irrévocablement acquis à l'Eglise de Jésus-Christ.

» Telle est la conviction que remportera de l'Orient tout homme attentif aux progrès qu'y fait notre foi, à mesure que l'empire s'affaiblit. Cette conviction, les Turcs eux-mêmes la partagent. Ils ont compris que leur règne est passé, qu'ils ne forment plus qu'une ombre de nation prête à s'évanouir, et qu'il leur est désormais impossible de lutter contre le principe de mort qui mine leur constitution. Et, ce qui est plus remarquable, ce peuple, dont le caractère simple, loyal et noble commande encore l'estime au sein de ses malheurs, a l'intime persuasion que c'est à nous de recueillir ses débris. Autant il a de mépris pour les sectaires qu'il confond avec les Juifs dans une égale aversion, autant manifeste-t-il d'affection pour les catholiques. Est-ce là un indice de la prochaine réunion des enfants de Mahomet à la grande famille de Jésus-Christ ? Nous avons tout lieu de le croire, quand nous voyons partout l'islamisme s'éteindre au profit de la vraie foi.....

» En quittant Alexandrie, j'ai traversé la Grèce, sans toutefois m'y arrêter, et je me suis rendu directement en Turquie. Constantinople et Smyrne sont les deux points que je tenais particulièrement à étudier, non-seulement parce qu'ils sont le siége de deux florissantes missions, mais parce qu'ils exercent sur le reste de l'empire une action puissante.

» En Turquie, il ne s'agit pas d'annoncer l'Evangile à des peuples ensevelis dans les ténèbres d'une idolâtrie grossière, ni de soutenir des discussions suivies avec des prédicants de sectes dissidentes. Là, le principal obstacle que l'erreur oppose aux progrès de l'Evangile, la base sur laquelle reposent également l'hérésie et l'islamisme, c'est une commune et profonde ignorance ; seulement chez les hérétiques elle se joint à la superstition, tandis que chez les Musulmans elle s'allie au fanatisme.

Un premier moyen de favoriser le triomphe de la foi sera donc d'instruire la jeunesse. Le Coran ne conserve encore des disciples que parce qu'il proscrit l'instruction. Mais aujourd'hui cette défense n'est déjà plus respectée par les grands, dont le mépris pour la loi de Mahomet est à peine dissimulée par quelques pratiques qu'ils affichent aux yeux du peuple. Leur tendance à se mettre en rapport avec les missionnaires catholiques est une heureuse disposition que j'ai été à même de constater. Deux pachas m'ont fait l'honneur de dîner avec moi dans la maison et en compagnie de nos confrères de Constantinople; ils ne m'ont pas moins surpris par la franchise et la cordialité de leurs manières, par l'étendue de leurs connaissances, que par leur estime pour nos doctrines. A son tour, le peuple ne tardera pas à passer sur la loi qui le condamne à l'ignorance, et tout porte à croire que chez lui, comme chez les grands, l'instruction tournera au profit de la foi. Qu'il lui soit donc permis d'entrer dans nos écoles; l'Evangile et la science le trouveront également docile à leurs enseignements. Quand déjà ses prédilections ne seraient pas acquises aux missionnaires, la gravité de notre culte qui va si bien à la noblesse de son caractère, suffirait pour le prévenir en notre faveur. Je le répète, du moment que les Turcs auront le libre choix de leur religion et la permission de s'instruire, l'Eglise sera à la veille de les compter au nombre de ses enfants.

» Cette observation s'applique aussi en grande partie aux hérétiques. L'ignorance presque seule les retient éloignés du centre de l'unité. Ils ne savent même pas quels points de foi les séparent de la véritable Eglise. Ces frères égarés font consister toute leur religion dans quelques pratiques extérieures, qui leur tiennent lieu de symbole et même de prières. Malgré leur antipathie pour les catholiques, ils aiment nos cérémonies et assistent volontiers à nos sermons. Bon nombre d'entr'eux viennent puiser à nos écoles l'instruction qu'il leur est impossible de se procurer ailleurs. Ceux-là ne tardent pas à se défaire de leurs préjugés, à sentir que leur foi ne repose que sur des fondements ruineux, et à concevoir de la nôtre une idée plus favorable. Si l'on joint à ces premières impressions l'influence que des maîtres et maîtresses exercent nécessairement sur des enfants, la confiance qu'ils leur inspirent par une vie de dévouement et de vertu, les explications souvent répétées du catéchisme, il est facile de comprendre, et l'expérience ne permet plus d'en douter, que bientôt le retour des hérétiques consolera l'Eglise de leur défection.

» Or, ce puissant moyen de favoriser l'essor du Christianisme en Turquie, il a été bien consolant pour moi de voir qu'il prospère sur les deux points principaux de l'empire, et j'éprouve une douce satisfaction à vous présenter le tableau des services que rendent à la jeunesse nos deux Missions de Constantinople et de Smyrne. A Constantinople, nos confrères dirigent un collége où sont élevés les enfants des premières familles de la ville, et une école qui ne compte pas moins de cent cinquante externes. De ces deux établissements est déjà sorti un nombre considérable d'excellents sujets, aussi utiles à la société que sincèrement attachés à la religion. Ce n'est pas sans me sentir ému jusqu'aux larmes, que j'ai été à même d'apprécier leurs progrès dans les sciences et surtout les vertueux sentiments que des mains habiles ont pris soin de développer dans ces jeunes cœurs. Et quand je faisais réflexion qu'il n'y a pas d'autre école ouverte à Constantinople, j'étais heureux de conclure que la religion seule est appelée à posséder la génération naissante. Il n'était pas moins consolant pour moi de voir ces jeunes gens, que nos missionnaire sont élevés, se faire gloire des principes qu'ils ont puisés aux sources de la foi. On les rencontre partout, chez les banquiers, chez les négociants, dans les diverses administrations, dans les chancelleries, et partout ils se montrent dignes des maîtres qui les ont formés. Durant tout mon voyage ils m'entouraient d'égards et se faisaient un bonheur des bons offices qu'ils pouvaient me rendre. Souvent j'ai reçu la visite de personnages distingués que je ne connaissais pas; c'était comme anciens élèves des missionnaires qu'ils se présentaient à moi, voulant, me disaient-ils, exprimer ainsi à notre congrégation leur reconnaissance pour l'éducation qu'ils en ont reçue et qui a été la source de leur prospérité.

» Un autre sujet d'étonnement et de joie m'attendait chez les sœurs de la Charité. Dans leur établissement, qui n'a encore qu'un an d'existence, je trouvai vingt-quatre orphelines arrachées à la misère par des prêtres catholiques et formées à la vertu par d'humbles religieuses. Aux questions que je leur adressai sur l'histoire, la géographie et l'arithmétique, elles répondirent avec autant de facilité que de justesse. Mais ce qui m'intéressa tout autrement, fut leur tendre piété et la naïve expression de leur reconnaissance pour une religion qui ne s'est fait connaître à elles que par des bienfaits. Je ne pouvais m'expliquer comment, en aussi peu de temps, on avait pu obtenir d'aussi précieux résultats, et je bénissais le Seigneur dont la main paternelle se plaît à encourager notre zèle, en donnant à un établissement qui commence des succès si inespérés. Je visitai avec la même consolation les trois externats de filles dirigés aussi par les sœurs de la Charité. Les deux cent trente élèves qu'ils comprennent ne sont pas toutes catholiques : des Russes, des Arabes, des Arméniennes et des Grecques schismatiques viennent puiser à la même source l'instruction et la vertu. Quelle que soit la diversité des croyances qui séparent leurs familles, ces enfants n'ont toutes pour leurs maîtresses qu'un même sentiment d'affection et d'inexprimable confiance. On comprend quelle dut être mon émotion en voyant les sœurs de Saint-Vincent-de-Paul déjà si admirablement établies au centre même de l'islamisme, et ces humbles filles, heureuses d'être associées par leur dévouement pour l'enfance au ministère apostolique, bénissant mille fois le Seigneur de les avoir choisies pour servir d'instruments à ses miséricordes, sur cette terre trop longtemps désolée.

» Cependant les succès qu'elles obtiennent vont les forcer à multiplier leurs établissements, afin de répondre aux besoins et aux pressantes sollicitations des familles. Bientôt chaque quartier de cette vaste capitale aura son école, où viendra se former toute la jeunesse du pays. Quel avenir ne promet pas au christianisme une génération dont il aura lui-même cultivé l'esprit et formé le cœur !

» Pour compléter l'œuvre de l'instruction de la jeunesse à Constantinople, nos missionnaires ont établi dans leur maison une imprimerie, dont les presses constamment employées à reproduire, dans les diverses langues de l'Orient, des ouvrages d'études et de piété, fournissent à peu de frais aux écoliers et aux pauvres les livres dont ils ont besoin.

» Ce n'est pas tout : Constantinople a déjà son bureau de charité ; dans ce moment s'élève un hôpital destiné à fournir des secours aux malades, et un asile à soixante familles indigentes. Non-seulement les chefs des premières maisons de la ville ont voulu concourir à sa fondation, mais le grand-seigneur a daigné s'y associer par une souscription de deux mille cinq cents francs. Avant un an, cet hospice sera en état de réaliser le bien qu'il promet. Les sœurs de la Charité seront encore appelées à en prendre la direction.

» Je ne puis vous donner qu'un léger aperçu des fatigues auxquelles se livrent nos confrères pour procurer le salut des âmes. Chaque jour leur église est remplie de fidèles, dont un bon nombre participe aux sacrements. Les hérétiques même s'empressent d'assister à nos offices et d'entendre la parole de Dieu, prêchée alternativement en turc, en grec et en français. Nous l'avons déjà dit, l'ignorance est ici l'obstacle universel que rencontre notre ministère ; pour la déraciner, M. Elluin fait, tous les dimanches, dans l'intérêt des familles pauvres et avec le plus consolant succès, un catéchisme en grec, fréquenté par plus de trois cents enfants et par beaucoup d'adultes. Un autre missionnaire, M. Bonnieux, dont j'ai admiré le zèle infatigable, passe sa vie à entendre les confessions des catholiques dispersés sur tous les points de la ville et des environs. C'est quelque chose de touchant que de le voir partir chaque matin, dans le but de parcourir tantôt l'une, tantôt l'autre rive du Bosphore, pénétrant dans l'intérieur des familles, distribuant des consolations ou des avis, confessant les pères et les enfants, et souvent rentrant le soir dans sa communauté sans avoir pensé à prendre quelque nourriture, ou mangeant le morceau de pain sec qu'il avait emporté par précaution. Souvent encore, surpris par la nuit loin de sa demeure, il prend un peu de repos dans une misérable chaumière, y célèbre la sainte messe avant de repartir, continue avec courage la course de la veille, et revient enfin auprès de ses confrères aussi plein de joie que riche de mérites. Ainsi s'écoulent pour lui tous les jours, excepté le vendredi et le samedi qu'il passe à entendre dans l'église les confessions des enfants de nos écoles et des fidèles de la ville. Ce beau, mais laborieux ministère n'est jamais interrompu ni par les rigueurs des saisons, ni par les ravages de la peste......

» A Smyrne, comme à Constantinople, je n'ai eu qu'à rendre grâces à Dieu du bien qu'opère la mission. J'avoue qu'en prêchant, le jour de la Toussaint, dans la belle église dédiée au Sacré-Cœur de Jésus, au milieu des cinq cents enfants qui fréquentent nos écoles, et en présence d'une foule de pieux fidèles, j'avais peine à me persuader que j'étais en Turquie. Volontiers j'aurais cru me retrouver dans quelque fervente cité d'Europe. Deux jours après, je célébrais au milieu du même concours un service solennel pour le repos des membres décédés de la propagation de la Foi. Combien j'étais heureux d'acquitter cette dette de reconnaissance sur une terre étrangère, où l'on rencontre à chaque pas des monuments précieux de la bienfaisance et du zèle de cette œuvre si éminemment catholique !

» Ce n'est pas seulement par les soins que nos sœurs donnent à la jeunesse, qu'elles ont su rendre leurs établissements chers à ces contrées et utiles à la religion; un autre avantage, dont il faut tenir compte à leur dévouement, est de faire briller sur cette terre infidèle et au sein des peuples hérétiques les inimitables œuvres de la charité chrétienne. Il est aisé de reconnaître, en visitant le Levant, que pour frapper l'esprit des orientaux et les incliner vers la foi, ce n'est pas assez du zèle apostolique, des vertus et des prédications. Il faut des œuvres. Les Turcs ne discutent point, mais ils voient. Sourds à un raisonnement, ils sont sensibles à un bienfait: la reconnaissance est la voie la plus sûre pour les conduire à la vérité. Cette observation, fondée sur leur caractère bien connu, vient encore d'être justifiée par l'expérience. Vous le savez, chez les Turcs un chrétien est un être méprisé, à qui ils n'accordent jamais l'entrée de leur maison; une chrétienne même n'est jamais admise dans l'intérieur d'une famille. Eh bien ! à Smyrne, où nous avons établi pour les malades un service de secours à domicile, la sœur de la charité est tout autrement traitée. Non-seulement les portes s'ouvrent devant elle, mais encore sa visite désirée, sollicitée même, est regardée comme une marque d'honneur à laquelle on attache le plus grand prix, dont on conserve un religieux souvenir. On regarde comme du plus heureux augure les innocentes caresses qu'elle fait aux enfants; c'est à qui pourra les lui présenter, comme pour les bénir. Pourquoi cette touchante exception en sa faveur? Ah! c'est que la charité l'inspire et que les bienfaits l'accompagnent. Le mahométan voit quelque chose de surnaturel dans une fille qui a traversé les mers et tout sacrifié pour venir panser ses plaies et soulager ses douleurs. Il est même arrivé à quelques-uns de demander ingénument à ces religieuses *si elles étaient ainsi descendues du ciel?* La cour de leur maison se remplit chaque jour de malades turcs qui viennent les consulter. Quel est l'étonnement de ces infidèles, lorsqu'offrant aux sœurs le prix des remèdes qu'elles préparent, ils les entendent répondre *qu'elles ne veulent et ne peuvent rien recevoir!* Ils restent comme stupéfaits en présence d'un dévouement si pur, de sentiments si désintéressés. J'ai eu la consolation de contempler de mes propres yeux ce touchant spectacle, et j'en conserverai le souvenir toute ma vie. A la vue des témoignages de reconnaissance et de vénération que les Turcs prodiguaient à leurs bienfaitrices, je me disais en moi-même : N'a-t-on pas tout lieu d'espérer que bientôt les disciples du Coran remonteront à la source de cette générosité qui les étonne, qu'ils reconnaîtront enfin la bonté de l'arbre à la douceur de ses fruits, et qu'alors ils seront bien près du royaume des cieux ?...... »

IV.

VOYAGE A NAZARETH.

Fragment d'une lettre de M. Pousson, missionnaire Lazariste à Damas, à M. Etienne, procureur-général de ladite congrégation.

Damas, le 15 juillet 1831.

« ...... A l'orient du lac de Génézareth, l'œil contemple avec une espèce d'effroi les montagnes sauvages de l'Arabie qui paraissent de loin un mur perpendiculaire. A son occident il s'arrête avec complaisance sur le Thabor, qui s'élève au milieu d'une vaste plaine comme un dôme immense; étendant son horizon, il découvre dans le lointain les montagnes de Samarie; se rapprochant ensuite, il rencontre une montagne moins élevée, mais non moins intéressante que le Thabor; c'est la montagne des *Béatitudes*, sur laquelle Notre-Seigneur fit l'admirable discours rapporté dans saint Matthieu. Un peu au-dessous, en se rapprochant de Tibériade on voit le vallon où Notre-Seigneur fit la multiplication des pains; et, du côté opposé, la plaine où les disciples, arrachant quelques épis au jour du sabbat, excitèrent les murmures de leurs ennemis. Un peu plus encore vers le couchant, on voit au fond de l'horizon la chaîne du Mont-Carmel, qui semble soutenir les nues; se tournant vers le nord, on aperçoit la ville de Saphat, placée comme un nid d'oiseau sur la cime d'une haute montagne; c'est l'ancienne Béthulie, dont le nom rappelle le dévouement généreux de la courageuse et pieuse Judith. Enfin, à l'Orient, les montagnes de l'Anti-Liban se présentent avec une majesté imposante, et laissent voir au-dessus des nuages leurs cimes couronnées de neiges. Deux jours après notre départ de Dothain, nous arrivâmes à Nazareth, ayant laissé d'un côté le village de Cana, et de l'autre le bourg de Naïm que nous vîmes seulement de loin.

» Vous savez que Nazareth n'est qu'un bourg, qui n'a de considérable en bâtiments que le couvent des Franciscains, connus sous le nom de religieux de la Terre-Sainte, j'allai loger chez eux, et ils me reçurent avec d'autant plus de cordialité que je connaissais très-particulièrememt le père gardien et quelques-uns de ses confrères..... Mon premier soin, en arrivant à Nazareth, fut d'aller faire ma prière dans le lieu où s'est opéré le plus grand de tous les mystères. Cette sainte grotte, bien différente de ce qu'elle était du temps de la sainte Vierge, elle est, à l'exception de la voûte, toute revêtue de beaux marbres; les yeux sont d'abord frappés; mais bientôt ils perdent de vue tout ce qui les étonne, pour se fixer avec un attendrissement auquel l'âme du chrétien se livre tout entière, mais qu'il est impossible d'exprimer, sur ces simples paroles écrites sous la table de l'autel : *Hic Verbum caro factum est.* Je vous l'avouerai, mon cher ami, malgré toute ma froideur, il me fut impossible de ne point verser des larmes, dont rien n'égala la douceur. Il me sembla, dans ce premier moment, voir le messager céleste se présenter à la plus humble des Vierges, pour lui annoncer la plus étonnante nouvelle qui fut jamais, entendre la réponse de Marie, et voir par son acquiescement aux desseins de Dieu, déchirer l'arrêt de mort porté contre tous les enfants d'Adam. Ces premières impressions furent renouvelées en moi avec plus de sensibilité encore, lorsqu'à la procession qui a lieu tous les jours immédiatement après les vêpres, un enfant avec une voix d'ange, et montrant du doigt le lieu de l'Incarnation, chanta lentement ces paroles : *Hic Verbum caro factum est.* La grotte de Nazareth est de tous les lieux de la terre sainte celui qui m'a causé les plus douces émotions. Là les Pères latins étant seuls, et n'étant pas mêlés comme ailleurs, avec les hérétiques et les schismatiques, les offices se font avec plus de dignité, plus de recueillement, plus d'édification ; il semble qu'on respire quelque chose de particulier qui vous porte à la dévotion et à la componction du cœur ; le Dieu des chrétiens s'y rend en quelque sorte sensible et sous des formes encore plus aimables qu'ailleurs. J'eus le bonheur, que je n'oublierai jamais, de célébrer trois fois dans cet auguste sanctuaire [1].

» La grotte de l'Incarnation est au dessous du chœur

[1] L'existence de la grotte de Nazareth n'est point en opposition avec celle de la maison de Lorette, puisque la translation de cette maison ne doit s'entendre que des constructions faites sur le devant de la grotte elle-même.

de l'église. Cette église, qui date à peine d'un siècle, quoique belle et grande, n'est pas comparable à celle qu'avait fait bâtir sainte Hélène, et dont on reconnait encore l'enceinte.

» Les autres lieux de dévotion que nous visitâmes à Nazareth, sont : 1° une petite église bâtie, dit-on, à l'endroit où était la boutique de saint Joseph ; 2° la synagogue où Notre-Seigneur fit publiquement la lecture du prophète Isaïe ; 3° une grande pierre ronde qu'on appelle *Mensa Christi*, parce que, selon une tradition, le Sauveur y prit quelquefois ses repas avec ses disciples ; 4° une belle et abondante source qu'on appelle la fontaine de Marie, probablement parce que c'est là que cette auguste Vierge allait puiser de l'eau ; et, à un tiers de lieue, au midi de Nazareth, le précipice affreux dans lequel les Juifs voulaient précipiter Jésus. A une petite distance de cet abîme, on voit quelques faibles restes d'une chapelle que l'on dit avoir été bâtie dans l'endroit même où Marie tomba sans force, marchant à la suite du peuple qui allait immoler son divin Fils.

» A une lieue, au sud-ouest de Nazareth, est un pauvre village, où l'on voit les restes d'une église bâtie à la place de la maison de Zébédée, père des apôtres Jacques et Jean. Je fus profondément ému à la vue des habitants de ce village, pauvres, nus, noircis par le soleil. Voici, me suis-je dit, ce qu'étaient Jacques et Jean, au moment de leur vocation. Un jeune villageois, tel que ceux que j'ai présentement sous les yeux, sans autre instruction que celle qu'il reçut d'en haut, devint tout-à-coup le plus sublime des évangélistes, le plus profond des théologiens; à ce trait seul je reconnais la mission céleste et la divinité de celui qui lui dit : Suivez-moi. »

V.

PÉLERINAGE A BETHLÉEM.

(DÉCEMBRE 1834).

Fragment d'une lettre de Mgr. Auvergne, archevêque d'Icone, délégat apostolique, au rédacteur des Annales, à Lyon.

« ...... Nous avancions; déjà nous avions franchi les dernières montagnes de la Samarie; nous étions encore dans la tribu d'Ephraïm lorsque s'offrirent à nous les ruines d'une ancienne église. Nous nous en approchâmes; nous reconnûmes, aux restes assez imposants de cet édifice, la généreuse piété de la mère du grand Constantin. Ces ruines sont presque au milieu d'un village qu'on appelle aujourd'hui Elbir, et qui est connue dans l'Ecriture sainte sous le nom de Machmas. Jonathas y résida pendant quelque temps. On croit même que c'est dans ce lieu que la sainte Vierge s'aperçut que son fils Jésus n'était plus dans sa compagnie, lorsqu'elle retournait de Jérusalem à Nazareth, après la solennité de Pâques. L'église était bâtie à l'endroit même où la tradition rapporte que s'est passé ce fait évangélique.

Nous entrâmes ensuite dans la tribu de Juda. Nous arrivions sur le sommet d'une montagne, lorsque tout-à-coup une voix s'écrie : Jérusalem ! et soudain nous apparait une vaste cité qu'entouraient de toutes parts de hautes murailles. Sur ces murs s'élevait une tour; c'était la tour de David. Dans la cité on découvrit un long et vaste monument environné de parvis ; c'était la place du temple de Salomon. A côté, s'élançait un vaste dôme, c'était le dôme du Saint-Sépulcre Au sud, le mont Sion ; à l'Orient, la montagne des Oliviers; entre cette montagne et la ville, une vallée assez étroite, la vallée de Josaphat; dans le fond, un torrent desséché, c'était le torrent de Cédron. L'impression qu'on éprouve à la vue de Jérusalem est si vive, que le sentiment de recueillement dont nous fûmes saisis, nous accompagna jusqu'aux portes de cette ville de prodiges. Nous n'y entrâmes pas cependant, nous étions désireux de visiter d'abord le sanctuaire de Bethléem, qui n'est qu'à trois petites lieues au midi de la cité sainte. Après avoir salué de loin le Saint-Sépulcre, nous longeâmes donc les murs de Jérusalem, et nous entrâmes bientôt dans la plaine qui devait nous conduire à Bethléem.

» Après une demi-heure environ de marche, on nous fit remarquer une sorte de puits à trois orifices, appelé la citerne des trois Rois ; la tradition veut que ce soit le lieu où l'étoile apparut aux mages allant à Bethléem. Une demi-heure après, on trouve une église grecque schismatique ; en face et sur le chemin qui conduit à Bethléem, on montre, sous un olivier, le lieu où était Elie, lorsqu'un esprit céleste lui ordonna, de la part de

Dieu, de se rendre au mont Horeb; un peu au-delà est la tour de Jacob, où l'on croit que reposa ce patriarche allant en Mésopotamie. On entre ensuite dans le champ de Rama; c'est là que l'on voit le tombeau de Rachel; ce tombeau a la forme d'un édifice carré surmonté d'un petit dôme. Les Turcs, qui honorent les familles des patriarches, se rendent fréquemment dans ce lieu pour y prier; il devient aussi, à certaines époques de l'année, un lieu de dévotion pour les Juifs. Rama est dans la montagne à droite. Il nous semblait entendre encore dans ce lieu de désolation la voix de Rachel : *Vox in Rama audita est, ploratus et ululatus multus; Rachel plorans filios suos et noluit consolari, quia non sunt.* Un peu avant d'arriver à Bethléem, nous allâmes visiter un vieux monument que nous avions aperçu sur notre gauche, et que l'on nomme citerne de David. C'est celle sans doute dont ce prince religieux avait désiré de l'eau avec tant d'ardeur, et dont il n'osa boire cependant, parce qu'elle lui avait été apportée par ses braves, au péril de leur vie. Enfin nous parvînmes à Bethléem.

» L'heureux jour que celui où nous entrâmes dans ce lieu de bénédictions! Nous arrivions, et sans délai, précédés des vénérables Pères de Terre-Sainte; nous descendîmes dans l'auguste grotte, autrefois la vile étable où voulut naître le Sauveur du monde. On descend par un escalier de forme longue dans cette grotte, qui est éclairée par de nombreuses lampes. En avançant à pas lents, nous arrivâmes au pied de l'autel, au-dessous duquel nous lûmes, remplis d'admiration et d'amour, ces ineffables paroles : *Hic Christus de Virgine Maria natus est.* « Ici le Christ est né de la Vierge Marie. » C'est là, en effet, que Marie a mis au monde et enveloppé de pauvres langes son divin Fils..... Nous saluâmes avec beaucoup de respect ce lieu sacré : et bientôt à notre droite, du côté de l'Epître, s'offrit à nos regards une petite chapelle dans laquelle on descend par deux degrés ; elle est formée par une voûte assez peu élevée et enfoncée dans le rocher. Un bloc de marbre blanc, exhaussé d'un pied au-dessus du sol et creusé en forme de berceau, indique le lieu où se trouvait autrefois la crèche dans laquelle Marie reposa l'Enfant Jésus. A deux pas, vis-à-vis de la crèche, est un autel qui occupe la place où les Mages trouvèrent, en entrant, l'Enfant avec sa Mère et l'adorèrent en silence. C'est sur cet autel, élevé en l'honneur des Mages, que les prêtres catholiques seuls célèbrent les saints Mystères. Quant à la crèche, elle n'est plus à Bethléem, c'est à Rome qu'elle a été transportée, comme on le sait, il y a déjà plusieurs siècles.

» En sortant de la grotte de la naissance du Sauveur, nous descendîmes dans la chapelle souterraine où la tradition place la sépulture des saints Innocents. Par un privilége particulier que nous dûmes à l'extrême bonté des Pères de Terre-Sainte, il nous fut permis d'entrer par une porte assez étroite dans l'endroit même où reposent les cendres de ces jeunes enfants, victimes de la cruauté d'Hérode. La grotte des Innocents nous conduisit à la grotte de saint Jérôme ; on y voit le sépulcre de ce grand docteur de l'Eglise ; son corps repose à Rome, dans la chapelle dite *del Presepe* [1]. A côté de la grotte de saint Jérôme est le tombeau de sainte Paule et de sainte Eustochie, sa fille, et celui de saint Eusèbe de Crémone, abbé de Bethléem. Dans l'oratoire de saint Jérôme, on remarque encore avec intérêt, comme au temps où M. de Châteaubriand le visita, le tableau où le saint docteur conserve l'air de tête qu'il a pris sous le pinceau de Carrache ou du Dominiquin. Dans celui de sainte Paule et de sainte Eustochie, le tableau de ces deux héritières de Scipion, où elles sont représentées mortes et couchées dans le même cercueil, est aussi d'une grande beauté. Nous nous rappelions alors les réflexions que fit le célèbre auteur du *Génie du Christianisme*, au sujet de la ressemblance parfaite de ces deux saintes : « On distingue seulement, dit-il, la fille, de la mère, à sa jeunesse et à son voile blanc; l'une a marché plus longtemps et l'autre plus vite dans le chemin de la vie, et elles sont arrivées au port au même instant. »

» Le lendemain, 13 décembre, après la sainte Messe que nous eûmes le bonheur de célébrer dans la sainte grotte, nous commençâmes notre visite par la basilique de Sainte-Hélène. Ce monument est si beau et si plein d'intérêt dans tous ses détails que nous ne pouvons nous empêcher d'en donner ici une idée. Il est certain d'abord que cette église est d'une haute antiquité, et, quoique souvent détruite et souvent réparée, elle conserve les marques de son origine grecque; sa forme est

1 Dans la basilique de Sainte-Marie-Majeure, où est aussi la crèche du Sauveur.

celle d'une croix. La longue nef, où se trouve le pied de la croix, est ornée de quarante-huit colonnes d'ordre corinthien placées sur quatre lignes. Ces colonnes ont plus de six pieds de diamètre vers le bas et dix-huit de hauteur, en y comprenant la base et le chapiteau. Comme la nef n'a point de voûte, elles ne portent qu'une frise de bois qui remplace l'architrave et tient lieu de l'entablement entier; la voûte est remplacée par une charpente qu'on dit être de bois de cèdre. Les murs sont percés de grandes fenêtres; ils étaient ornés autrefois de tableaux en mosaïques, et de passages de l'Evangile écrits en caractères grecs et latins; on en voit encore des traces. Les Grecs et les Arméniens schismatiques sont en possession de la nef du milieu, y compris les trois autres branches de la croix; celles-ci sont séparées par un mur, de sorte que l'église n'a plus d'unité. Quand vous avez passé ce mur, vous vous trouvez en face du sanctuaire ou du chœur, qui occupe le haut de la croix; on y voit un autel dédié aux Mages. Sur le pavé, au bas de cet autel, on remarque une étoile de marbre; la tradition veut que cette étoile corresponde au point du ciel où s'arrêta l'étoile miraculeuse qui conduisit les trois Rois à Bethléem. Ce qu'il y a de certain, c'est que l'endroit où naquit le Sauveur du monde se trouve perpendiculairement au-dessous de cette étoile dans l'église souterraine de la crèche. Les deux extrémités de la traverse de la croix sont nues et sans autel. Deux escaliers tournants, composés chacun de quinze degrés, s'ouvrent aux deux côtés du chœur et conduisent à l'église souterraine. Combien de fois, pendant notre séjour à Bethléem, nous descendîmes ces degrés. Tout notre bonheur était d'aller chaque jour nous enfermer dans la grotte sainte; et là, passant tour à tour du lieu où naquit le Sauveur du monde à celui où les mages l'adorèrent, nous restions prosternés sur ces lieux augustes: nous baisions avec respect le marbre dont ils sont recouverts; nous nous efforcions de faire naître dans notre cœur les beaux sentiments dont était embrasé le cœur de saint Jérôme, qui voulait vivre et mourir auprès de la crèche.....

» A deux cents pas de Bethléem, est une caverne assez renommée qu'on appelle *grotte du Lait;* selon la tradition du pays, la sainte Vierge allaitant en ce lieu l'Enfant Jésus, la terre se trouva une fois humectée de quelques gouttes du lait virginal de Marie. Son entrée est fort basse, et l'on y descend par six marches; sa voûte est soutenue de trois colonnes qui empêchent qu'elle ne tombe en ruine, parce que non-seulement les chrétiens, mais les Turcs mêmes en tirent beaucoup de terre, laquelle a, dit-on, une vertu contre les fièvres, et certaines propriétés favorables aux nourrices et à leurs enfants. Au milieu de la grotte, il y a un autel où les pères de Terre-Sainte célèbrent quelquelquefois la messe. Après avoir prié quelques instants dans cette grotte, les religieux de Bethléem, qui nous avaient accompagnés dans cette visite, suivis à leur tour d'un grand nombre de fidèles, entonnèrent en arabe les litanies de la sainte Vierge. Un peu au-delà de cette grotte, on en trouve une autre dite la grotte des Pasteurs; les Arabes l'appellent encore le village des Pasteurs. On prétend qu'Abraham faisait paître ses troupeaux dans ce lieu, et que les bergers de Judée furent avertis, dans le même endroit, de la naissance du Sauveur. La piété des fidèles a transformé cette grotte en une chapelle dont se sont emparée les Arméniens schismatiques ; ils peuvent seuls y célébrer.

» Une demi-lieue plus loin, et après avoir gravi à cheval une montagne assez élevée, on nous fit remarquer à droite une plaine assez étendue; au milieu de cette plaine on montrait quelques ruines. Ce sont là, nous dit-on, les ruines de l'ancienne Engaddé, si célèbre dans la sainte Ecriture, par la quantité et la qualité des vignes qui y croissaient. On assure que c'est dans une de ces cavernes que David se contenta de couper le bord de la robe de Saül, son ennemi, qui le cherchait pour le mettre à mort. De cette hauteur s'offrit à nous un point de vue magnifique. A la suite de quelques ondulations de montagnes, nous découvrions la cime de deux hautes tours qui s'élèvent dans une vallée profonde ; on nous dit que c'était le couvent de Saint-Sabas. A gauche de ce couvent, et tout-à-fait à l'extrémité de l'horizon s'étendait une grande nappe d'eau, c'était la mer morte. Toujours en tournant vers la gauche, se dessinaient, entourées de gothiques remparts, les maisons d'une grande cité ; c'était Jérusalem. Nous jouîmes quelques instants de cet imposant spectacle, et à la hâte nous revînmes sur nos pas, pour pouvoir, avant la nuit, être rendus au couvent. Sur notre route, nous remarquâmes encore les ruines d'un ancien monastère, c'était celui de Sainte-Paule, devenu autrefois si célèbre par les soins qu'y recevaient, sans distinction, de la part de cette sainte, tous les pieux pélerins qui visitaient les saints lieux.

. . . .

» ...... La fête de la Nativité du Sauveur approchait; quelle joie pour nous de nous retrouver dans cette bourgade célèbre (Bethléem). Nous eûmes le bonheur d'officier pontificalement la nuit de Noël; alors traversant solennellement la basilique de Sainte-Hélène, et portant entre nos mains l'image du divin Enfant, nous allâmes, après la messe solennelle de minuit, la reposer avec respect sur le lieu même où était né l'Enfant Jésus, et bientôt après sur le lieu même où il avait été couché dans la crèche; c'est là que nous eûmes la consolation de célébrer nos trois messes.

» Le jour du départ étant ensuite arrivé, nous descendîmes de nouveau dans la grotte sainte; et, après avoir baisé pour la dernière fois chacun des lieux vénérés, nous nous remîmes en marche, nous dirigeant vers le bourg de Jean *in montana*. Avant d'y arriver, nous visitâmes la Fontaine de saint Philippe, source d'eau vive auprès de laquelle on trouve quelques restes d'une ancienne église; c'est là, dit-on, que saint Philippe baptisa l'eunuque de la reine d'Ethiopie. Après avoir franchi en grande hâte, à l'exemple de Marie, les montagnes de la Judée, nous arrivâmes sur une hauteur qui dominait le bourg, à peu de distance duquel est le lieu à jamais célèbre de la visite de Marie à Elisabeth, et de la naissance du saint Précurseur. La nouvelle de notre arrivée fut pour les religieux, comme pour les fidèles, le sujet d'une grande joie. Ces derniers venaient tout récemment d'être victimes d'une mesure aussi sévère qu'insolite ; plusieurs de leurs parents avaient été pris, quoique chrétiens, pour être enrôlés dans les armées égyptiennes. Ils pensaient, et avec raison, qu'en notre qualité de représentants du saint-siége, nous pourrions leur être de quelque utilité en cette circonstance. Dieu sait tout ce que nous avons fait plus tard, et non sans succès, auprès de l'autorité supérieure, dans l'intérêt de leur cause.

» Un monument indiquait autrefois la place qu'avait occupée la pauvre mais vénérable demeure où le Précurseur fut sanctifié dans le sein de sa Mère, et tressaillit en présence du Dieu qui la visitait. Nous n'y trouvâmes plus que les restes d'un monastère et d'un temple en ruine; mais il faudrait être là comme nous le fûmes, sur ces ruines, à la place même où était Marie il y a dix-huit siècles, pour sentir ce que nous dûmes éprouver en répétant les paroles de ce beau cantique qui a retenti à travers les âges : *Magnificat anima mea Dominum....* »

VI.

PÉLERINAGE A JÉRUSALEM.

Lettre de Mgr. Auvergne, archevêque d'Icone, etc., au rédacteur des Annales, à Lyon.

» Si les associés de la propagation de la foi ont lu avec intérêt les précédentes relations que je vous ai adressées, je ne doute pas qu'ils n'aient celle-ci pour agréable : il s'agit des lieux sanctifiés non plus seulement par la présence, mais par le sang précieux du Rédempteur des hommes.

» Nous approchions de Jérusalem, et nous étions encore à une demi-heure de cette ville, lorsque nous nous vîmes entourés tout-à-coup par les nobles et courageux gardiens du Saint-Sépulcre, les pères de l'ordre de Saint-François [1]. Un officier turc, seul et à cheval, s'était joint à eux ; mais le gouverneur, à qui on donne le titre honorifique de pacha, Soliman-Bey nous attendait lui-même à la porte de la ville avec un piquet de cavalerie et un poste assez nombreux d'hommes à pied. Ceux-ci, placés au-dedans de la porte, nous rendirent

[1] Dès l'an 1257, 69 ans après que les Latins eurent perdu Jérusalem, conquise sur eux par Saladin, les RR. PP. Franciscains vinrent en Palestine pour garder le Saint-Sépulcre et les autres sanctuaires vénérés. Mais ce n'est qu'en 1342 qu'il leur fut permis d'avoir un établissement permanent à Jérusalem, tel qu'ils l'ont encore aujourd'hui.

les honneurs militaires. C'est donc ainsi que nous fîmes notre entrée dans Jérusalem, précédés par le gouverneur de la ville, suivis par les cavaliers, et toute cette escorte nous accompagna jusqu'à la porte du couvent des pères de Terre-Sainte ; là elle nous laissa, admirant dans le fond de notre âme les hommages que la Providence faisait rendre dans notre personne au chef suprême de son Eglise, et par des infidèles eux-mêmes. Le lendemain, nous nous hâtâmes de commencer la visite des saints lieux.

» La montagne de Sion, à laquelle nous nous rendîmes d'abord, est célèbre dans la sainte Ecriture. Tour-à-tour l'objet des bénédictions et des lamentations des prophètes, le nom de Sion se mêlait souvent à leurs prédictions, et aux accents de la harpe inspirée de David, avec un charme qui n'était point sans mystère. Des monuments nombreux couvraient autrefois cette montagne ; ceux dont il reste aujourd'hui des traces ne sont plus qu'au nombre de trois : le Cénacle, la maison de Caïphe et le tombeau de David.

» Jadis la pieuse Hélène avait fait renfermer le Cénacle dans une église magnifique ; ruinée par les Sarrasins, elle fut réédifiée un peu plus tard ; on en remarque encore la coupole et quelques murs restés debout après sa première dévastation. Cette église fut confiée aux pères de Terre-Sainte, qui avaient un couvent à côté ; mais en 1561 les Musulmans s'en emparèrent, et convertirent l'église en une mosquée, et le couvent en un hôpital turc. Un escalier d'une vingtaine de degrés conduit au Cénacle ; c'est une grande salle voûtée et soutenue par deux colonnes. Que de souvenirs semblent se presser dans cette enceinte; l'institution de l'Eucharistie, la venue de l'Esprit sanctificateur, l'élection de saint Mathias, les premières prédications des apôtres, le premier concile de Jérusalem, la mémoire du roi-prophète dont les cendres reposent sous ce lieu sacré ! Vivement pénétrés de toutes ces pensées, nous nous agenouillâmes, méditant toutes ces merveilles et priant dans toute l'effusion de notre âme. Mais ce n'était point assez; nous demandâmes et obtînmes la permission de célébrer, dans ce lieu auguste, les redoutables mystères. Là, non loin du tombeau de Celui qui, trente siècles auparavant, s'était écrié : *Calicem salutaris accipiam.* « Je recevrai le calice du salut; » et dans le sanctuaire où Jésus-Christ, pour la première fois, avait consacré ce véritable calice du salut, nous eûmes le bonheur de faire couler le sang de l'Agneau réparateur. Depuis le concile de Trente, c'est-à-dire depuis plus de trois siècles, le même privilége n'avait été concédé à aucun pontife.

» La maison de Caïphe est aujourd'hui une église assez belle, desservie par les Arméniens schismatiques. La table de l'autel qu'on fait voir est, dit-on, formée d'une portion considérable de la pierre qui servit à couvrir le tombeau de Jésus-Christ. Du côté de l'épître, dans le sanctuaire, on montre un petit oratoire qu'on dit être une prison dans laquelle ce divin Sauveur fut jeté la nuit même où il fut pris. Hors de l'église, près de la porte, à droite, on fait aussi remarquer une portion de la colonne sur laquelle, d'après la tradition, le coq aurait chanté pour avertir Pierre de son prochain reniement. Non loin de là, au milieu des ruines d'un vestibule qui a dû être considérable, est un arbre appelé arbre des pommes d'or; on croit qu'il se trouve à la place où était Pierre lorsque, se chauffant près d'un foyer, il renia son bon Maître. Les pères de Terre-Sainte étaient autrefois en possession de ce sanctuaire, ils ont encore conservé le droit d'y célébrer la messe une fois par an. Nous eûmes aussi le bonheur d'y offrir le saint Sacrifice.

» Près de l'église du Cénacle, dont nous avons parlé, se trouve aussi l'emplacement du palais que David fit bâtir, et où il conserva pendant trois mois l'arche d'alliance. On y vénère son tombeau; mais défense expresse est faite aux chrétiens d'entrer dans la salle qui le renferme. Ce ne fut que par un privilége particulier qu'il nous fut donné de voir, d'une des salles supérieures, le haut du cénotaphe du roi-prophète.

» En descendant de la montagne de Sion, du côté de l'orient, nous traversâmes un torrent desséché. C'était ce torrent que David, plein de tristesse, avait franchi, fuyant devant Absalon; c'est celui aussi que le nouveau David, l'âme triste jusqu'à la mort, avait traversé pour aller à Gethsémani; c'était le torrent de Cédron. On a marqué la place où une tradition veut que le Sauveur soit tombé alors que les soldats l'emmenaient garrotté. Au-delà de ce torrent, nous trouvâmes bientôt le jardin de Gethsémani. Ce jardin, de soixante pas en carré, est dépourvu de clôture; il renferme encore, debout dans son enceinte, huit antiques oliviers qui annoncent une extrême vétusté. « Leurs troncs, chenus et bossés, dit un vieil auteur, surpassent en grosseur tous les autres arbres de la Palestine. Ces huit arbres étant les seuls que les Turcs aient exemptés de la taxe imposée sur les autres plantes aux environs de Jérusalem, depuis que cette ville est tombée dans leurs mains, on en a conclu, et avec raison, qu'ils sont d'une très-haute antiquité, que peut-être même ils existaient du temps de Notre-Seigneur. Les souverains pontifes ont défendu d'en arracher du bois vert; on recueille avec soin les branches sèches ou tombées à terre, dont on fabrique des chapelets. L'huile et les noyaux des olives se distribuent aussi comme objets de piété. On montre à Gethsémani le lieu où les trois apôtres, accablés de tristesse et de sommeil, furent réveillés trois fois par le Sauveur, et aussi la place où Judas donna à son Maître le perfide baiser. Quant au village de Gethsémani, il n'en existe plus rien; c'était jadis un petit bourg dont le nom, Pressoir des Olives, indiquait la production et l'industrie de ces lieux; il est placé entre Jérusalem et le mont des Oliviers. Il paraît qu'il avait été donné aux prêtres et aux lévites pour faire paître les animaux qui devaient être offerts dans le temple. De là on les conduisait par la porte des Troupeaux, ou de Saint-Etienne, à la Piscine probatique. Ce n'était que lorsqu'ils avaient été purifiés dans cette piscine, qu'ils étaient reconnus propres au sacrifice.

» Tout auprès du jardin des douleurs est un souterrain obscur : c'est la grotte où le Sauveur répandit une sueur de sang. On y entrait autrefois de plain-pied; aujourd'hui on y descend par sept à huit degrés grossièrement façonnés. Dans le fond et au-dessus de l'autel, où il nous a été donné de célébrer plusieurs fois les saints mystères, sont écrites ces étonnantes paroles : *Hic factus est sudor ejus sicut guttæ sanguinis decurrentis in terram* [1]. Nous nous mîmes à genoux sur cette terre où s'était prosterné le Sauveur, priant avec tant d'amertume. Qui ne se sentirait vivement porté au regret de ses fautes, lorsqu'on se trouve sur le lieu même où elles apparurent à la pensée du Sauveur des hommes et lui causèrent de si cruels tourments ?

» Sortant de Gethsémani et passant sur un pont d'une seule arche, jeté sur la ravine du torrent de Cédron, nous nous rendîmes à la maison d'Anne. Cette maison, située près la porte de David, au pied de la montagne de Sion et en dedans des murs de Jérusalem, a été convertie en une église placée sous le vocable des saints Anges. On y vénère surtout le lieu qui retentit du sacrilége soufflet, au bruit duquel les ennemis de Jésus poussèrent des ris insolents. Les Arméniens schismatiques sont seuls en possession de cette église.

» De là, ayant déjà visité sur le mont Sion la maison de Caïphe, nous accompagnâmes par la pensée le Sauveur jusqu'au palais de Pilate. Ce palais est aujourd'hui tout en ruines. A l'entrée du Prétoire, ouverte sur la grande rue qui traverse Jérusalem de l'est à l'ouest, est un escalier composé de onze marches ; ces marches sont d'un côté engagées dans le mur du palais, et de l'autre reposent sur un mur d'appui en forme de rampe. On

1 « Ici il fut couvert d'une sueur de sang, qui coula jusqu'à terre. »

croit que cet escalier remplace celui qui était là anciennement, et qui avait vingt-huit marches; celui-ci a été transporté à Rome, où il est vénéré sous le nom de *Scala sancta*. Trois fois Notre-Seigneur monta et descendit par cette échelle sainte, d'abord étant conduit de Caïphe à Pilate; et il en descendit, étant traîné du palais de Pilate à celui d'Hérode; il la monta une seconde fois quand il fut renvoyé d'Hérode à Pilate, et il en descendit quand de chez Pilate il fut conduit au lieu de la flagellation; il la monta de nouveau, après la flagellation, pour venir recevoir la couronne d'épines, et il en descendit enfin pour prendre la croix et la porter au Calvaire. Lorsqu'on est parvenu au haut de cet escalier, on entre dans une cour assez vaste, et sur la droite commencent deux grandes et longues voûtes : ce fut sous l'une d'elles, sans doute, que les soldats jetèrent sur les épaules ensanglantées de Jésus une espèce de manteau de pourpre, qu'ils placèrent dans ses mains un roseau fragile en l'accablant des railleries les plus piquantes et des outrages les plus amers; là qu'il fut condamné à mort par le même juge qui venait de rendre à son innocence le plus éclatant témoignage. Ces voûtes nous conduisirent à la galerie appelée par les Romains *Xystus*, et qui aujourd'hui n'a plus d'autre nom que celui de l'arc de l'*Ecce Homo*. Au milieu de cet arc est une fenêtre : c'est de là qu'en présentant le Sauveur aux regards des Juifs, Pilate s'écria : *Ecce Homo* : « Voilà l'Homme. »

» A quelque pas de l'arc de l'*Ecce Homo*, on aperçoit une coupole chancelante; rien n'en défend plus l'approche, et le lieu qu'elle couvre est lui-même rempli de profanes immondices; c'est le lieu vénérable de la flagellation. Étant entrés dans ce lieu abandonné, nous nous y prosternâmes, comme dans le plus beau temple du monde; et, tâchant d'exciter dans notre âme une vive foi, nous demandâmes l'amour des souffrances à Jésus flagellé. Ce sanctuaire appartenait autrefois aux pères de Terre-Sainte : il leur a été, depuis un certain temps, arraché comme tant d'autres. C'est pour cela même que, pendant notre séjour à Jérusalem, des démarches, auxquelles nous avons cru devoir ne pas rester étrangers, ont été faites auprès du gouvernement égyptien à l'effet de reconquérir au plus tôt cette ancienne possession. Tout porte à croire que ces démarches n'auront pas été inutiles, et que, rentré sous le domaine des pieux gardiens du Saint-Sépulcre, ce sanctuaire profané recouvrera bientôt l'honneur dont il est depuis trop longtemps privé. Ce n'est que là que commence, à proprement parler, la voie douloureuse, c'est-à-dire le chemin que parcourut le Sauveur du monde en portant sa croix.

» Nous quittâmes le lieu de la flagellation : avançant dans la grande rue vers l'occident, puis tournant sur la droite, nous marchâmes vers le nord par une petite ruelle. C'est au fond de ce sentier qu'on nous fit remarquer le fameux palais d'Hérode, aujourd'hui tout en ruines. Ce fut dans une des salles de ce palais, et à l'extrémité opposée de la porte principale, qu'on revêtit le Sauveur d'une robe blanche, en signe de mépris.

» Retournant ensuite sur nos pas, nous reprîmes la grande rue, près de l'angle de laquelle on montre, à gauche, une colonne qui indique la place où, selon la tradition, le Sauveur succomba pour la première fois sous le poids de l'instrument de son supplice. Un peu plus loin, dans une ruelle, on aperçoit les ruines d'une église consacrée autrefois à Notre-Dame des Douleurs. Ce fut en cet endroit que Marie, chassée d'abord par les gardes, rencontra son divin Fils: ainsi le rapporte la tradition. « Dix-huit siècles écoulés, des persécutions sans fin, des révolutions éternelles, des ruines toujours croissantes n'ont pu, dit à ce sujet M. de Châteaubriand, effacer ou cacher la trace d'une mère qui vient pleurer sur son fils. » Presque en face de cette ruelle, et à main droite, nous vîmes le lieu où se tenait le pauvre Lazare; et, un peu plus loin, de l'autre côté de la rue, la maison du mauvais riche. Saint Chrysostôme, saint Ambroise, saint Cyrille, ont cru que l'histoire de Lazare et du mauvais riche n'était pas une simple parabole, mais un fait réel et connu. Les Juifs appellent le mauvais riche Nabal. Avant d'arriver à la maison du mauvais riche, on tourne à droite, et on suit la direction du couchant; à l'entrée de cette rue, est une place à laquelle trois rues aboutissent: c'est celle où les Juifs, apercevant Simon de Cyrène, qui arrivait des campagnes voisines par la porte de Damas, le contraignirent d'aider Jésus à porter sa croix. A cent dix pas de là, on reconnaît à trois marches, surmontées d'une porte assez basse, l'emplacement de la maison de Véronique, et le lieu où cette pieuse femme essuya, en passant, la face adorable du Sauveur. On croit que le mouchoir dont elle se servit pour ce pieux ministère était son propre voile, et qu'étant plié en trois, la figure de Jésus-Christ s'imprima sur chacun de ses plis. L'un de ces plis est conservé à Rome. Le nom de cette pieuse femme était Bérénice; plus tard il fut changé en celui de Vera-Icon, vraie image. Après avoir fait une centaine de pas, on arrive à la porte Judiciaire, où Notre-Seigneur tomba une seconde fois : c'était la porte par où sortaient les criminels qu'on exécutait sur le Golgotha.

» Le Golgotha, aujourd'hui renfermé dans la nouvelle cité, était hors de l'ancienne Jérusalem. Les Turcs ont muré la porte dont nous venons de parler, à partir du bas jusqu'à la moitié de sa hauteur. Les pélerins passent à gauche, par une autre porte attenante et plus petite. On continue à marcher, par un chemin difficile et pierreux, jusqu'à une pointe qui divisait la route en deux branches; là, on reprend à gauche le chemin du couchant. C'est à l'entrée de cette rue, aboutissant au Calvaire, que le Christ, suivi d'un peuple immense, se tourna vers les pieuses femmes qui s'affligeaient de sa mort, et que, versant des larmes, il leur dit : « Filles de Jérusalem, ne pleurez pas sur moi, mais pleurez plutôt sur vous et sur vos enfants. » Cette place est marquée par un tronçon de colonne de marbre, enfoncé dans le mur. Poursuivant la route, on parvient à un lieu où Jésus-Christ tomba pour la troisième fois; de là au Calvaire il n'y a que peu de distance.

» Nous allions donc entrer dans l'antique et célèbre

basilique du Saint-Sépulcre, temple auguste, dont le seul aspect imprime je ne sais quels sentiments ineffables de crainte, de respect et d'amour. Arrivés à la porte principale, nous y trouvâmes réunis les pères de Terre-Sainte, spécialement chargés de la garde du glorieux Sépulcre. Leur premier soin fut de nous conduire au Calvaire. Un riche escalier, placé à droite de la porte du temple, nous introduisit dans une chapelle construite sur le rocher même où fut crucifié le Fils de Dieu. Au fond, est un autel élevé à la place où des bourreaux déïcides l'attachèrent à la croix. Près de là un autre autel indique celle où, suspendu entre deux larrons, l'Auteur de la vie voulut ressentir les atteintes de la mort. Là, tout frappe l'esprit, tout parle au cœur; les pierres mêmes crient, et leur voix retentit au fond de l'âme. Dans le silence du recueillement, on croit entendre encore ces insultes, ces blasphèmes, ces cris de rage dont le Sauveur couronné d'épines devint l'innocent objet; le cœur est déchiré par le retentissement de ces marteaux affreux qui clouèrent à la croix les mains qui avaient créé le monde; c'est ici que le sang de l'Agneau de Dieu a coulé, il a détrempé cette terre; ici la Victime a été élevée dans les airs; c'est ici que Jésus a expiré!..... Remplis de ces pensées, nous nous prosternâmes, et nos lèvres ne trouvèrent plus d'autre prière à adresser au Fils de Dieu crucifié, si ce n'est qu'il daignât, comme le grand apôtre, nous attacher avec lui à sa croix. Au bas du Calvaire est la pierre de l'Onction, ainsi appelée parce qu'elle occupe la place où fut embaumé le corps du Sauveur. Huit lampes brûlent continuellement au-dessus de cette pierre ; trois grands candelabres sont placés à chacune des extrémités. Nous fîmes également là notre prière, nous baisâmes le marbre qui recouvre cette pierre vénérable; et, marchant par la pensée à la suite de Joseph d'Arimathie et du pieux Nicodème, lorsqu'ils portaient au tombeau le corps sacré, nous arrivâmes devant le Saint-Sépulcre. Comment redire tous les sentiments qui agitent l'âme à la vue d'un sépulcre plein de vie, contre lequel la mort vint un jour se briser? Sur les parois de ce tombeau sacré, qu'on pourrait bien appeler aussi le sépulcre de la mort, il semble que soient inscrites en caractères ineffaçables ces étonnantes paroles : *Absorpta est mors in victoria* [1]. Confondus d'admiration, nous franchîmes, en inclinant doucement la tête, le seuil de la première porte, et nous entrâmes dans la chapelle de l'Ange. Sur les restes précieux de cette pierre où l'envoyé céleste s'était assis, nous priâmes quelques instants, et nous pénétrâmes enfin dans le plus auguste des sanctuaires. Quel lieu ! quel moment! C'était là le Saint-Sépulcre. Le marbre sur lequel nous étions debout recouvrait donc le roc même où il avait été creusé. Nous tombâmes à genoux; et, demeurant ainsi prosternés, nous donnâmes cours à toutes les pensées qui vinrent se presser dans notre esprit. Que de souvenirs ! la mort, le péché, le prince des démons enchaînés l'un à l'autre et fixés ensemble au fond de cette tombe; le suaire jeté un moment sur la face ado-

[1] « La mort fut anéantie par la victoire. »

rable du Sauveur, et bientôt après délaissé dans ce sépulcre d'où le divin Conquérant s'était élancé; l'ange du Seigneur revêtu d'habits éclatants, assis à la droite de ce tombeau pour annoncer l'étonnante nouvelle du triomphe de Jésus ; Pierre descendant avec un saint transport au fond de cette tombe miraculeuse, regardant avec étonnement, et s'arrêtant plein d'admiration ! Consolés, réjouis par ces souvenirs, nous nous levâmes; et sur ce même sépulcre qu'Isaïe, six cents ans auparavant, avait vu tout rayonnant de gloire, sur ce sépulcre devenu un instant le théâtre de la plus éclatante de toutes les victoires, sur ce sépulcre enfin, désormais la joie et l'espérance de l'univers, nous renouvelâmes l'immolation de la Victime triomphante, le sacrifice de l'Agneau vainqueur. Heureux moment! tu vivras à jamais dans notre mémoire, à jamais tu éveilleras dans notre cœur les souvenirs les plus consolants [1].

[1] Tous les pèlerins qui ont visité le Saint-Sépulcre paraissent avoir éprouvé cette impression des souvenirs de gloire qui l'entourent, et qui en font en quelque sorte disparaître toute la tristesse; nous citerons quelques fragments des voyages modernes aux lieux saints. « A l'entrée, dit le R. P. de Géramb, est la chapelle de l'Ange, et la pierre sur laquelle était assis l'envoyé céleste, lorsque les saintes femmes vinrent embaumer le corps de Jésus, et qu'il leur dit : *Surrexit, non est hic :* « Il est ressuscité, il n'est plus ici. » Ne semble-t-il pas que, par la disposition même du lieu, par les pensées de joie et de vie qu'il réveille, la bonté de Dieu ait voulu tempérer les impressions trop douloureuses qu'eût produites la vue subite du tombeau de Jésus? et n'y a-t-il pas là en quelque sorte une voix d'ange qui dit aux chrétiens, comme aux saintes femmes :

VII.

ESQUISSE DES MOEURS ÉGYPTIENNES.

Extrait d'une lettre de Mgr. Guasco, évêque de Fez et délégat apostolique de l'Egypte et de l'Arabie, à MM. les membres du conseil central de la Propagation de la Foi à Lyon.

Alexandrie d'Egypte, le 16 octobre 1844.

« Le but que je me propose en vous adressant cette esquisse des mœurs égyptiennes, est d'offrir à vos associés un gage de ma vive reconnaissance. Je n'ignore pas que ce tableau, souvent ébauché par beaucoup d'historiens et de voyageurs, ne se composera en grande partie que de traits déjà connus; mais si la vérité des descriptions peut suppléer à l'intérêt de la nouveauté, si le caractère d'un peuple a toujours quelque chose de saisissant lorsqu'il est tracé avec exactitude, j'aurai aisément ce modeste avantage; car en peignant les Egyptiens tels qu'ils sont, ce sera simplement vous redire ce qui se passe autour de moi et sous mes yeux.

« Consolez-vous, il est ressuscité : » *surrexit?* (*Pélerinage à Jérusalem*, par le R. P. de Géramb).

« .... Tout ce que je puis assurer, dit M. de Châteaubriand, c'est qu'à la vue de ce sépulcre triomphant, je ne sentis plus ma faiblesse; et quand mon guide s'écria avec saint Paul : *Ubi est, mors, victoria tua? ubi est, mors, stimulus tuus?* « O mort, où est ta victoire? ô mort, où est ton aiguillon? » je prêtai l'oreille, comme si la mort allait répondre qu'elle était vaincue et enchaînée dans ce monument. »

» La population indigène se partage en deux familles principales, les Arabes et les Cophtes ; ces derniers, comme seuls descendants des anciens Egyptiens, se présentent aussi les premiers à ma pensée. L'étymologie de leur nom, suivant quelques historiens, paraît dériver de *Cophtos* ou *Kypt*, ville autrefois célèbre dans ce pays. Il en est qui lui attribuent une autre origine ; mais quelle que soit la diversité des opinions à ce sujet, tous les auteurs s'accordent à regarder les Cophtes comme les habitants primitifs de la contrée.

» Soumis depuis plus de vingt siècles au despotisme étranger, ils ont oublié peu à peu le génie, les arts et les connaissances de leurs ancêtres ; toutefois, ils ont conservé plusieurs de leurs usages ; et les notions qu'ils se sont transmises de pères en fils, touchant les terres ensemençables et les produits les plus favorisés par l'inondation périodique du Nil, les font choisir, même aujourd'hui, pour remplir les fonctions de secrétaires ou d'intendants, sous l'autorité des beys et des gouverneurs. N'allez pas croire que, pour servir d'instruments à une civilisation qui n'est pas la leur, ils démentent leur origine, loin de là ; comme les pères écrivaient en caractères hiéroglyphiques, pour dérober au vulgaire le secret de leurs sciences, ainsi les fils écrivent en cophte pour mieux cacher l'intelligence de leurs calculs. Voilà, sans aller en chercher d'autre cause, d'où vient que la langue des anciens Egyptiens ne s'est point perdue.

» Les Cophtes embrassèrent la foi chrétienne presque aussitôt qu'elle fut apportée en Egypte par l'évangéliste saint Marc. Ils la gardèrent dans toute sa pureté jusqu'à la naissance du monothélisme. Abandonnant alors les saintes traditions pour les nouveautés de la secte, ils portèrent dans leur égarement cette opiniâtreté et cet esprit de parti, qui rendent l'aveuglement presque incurable, surtout lorsqu'à la faveur d'une épaisse ignorance il a reçu la sanction du temps et de l'habitude. L'hérésie, d'ailleurs, perdit bientôt chez eux son caractère primitif, en s'alliant aux superstitions locales, et en faisant aux souvenirs de l'ancien paganisme des emprunts plus coupables encore.

» Au reste, les Cophtes valent mieux que leurs croyances; ils sont doux, humains et hospitaliers; sensibles à la tendresse paternelle, comme à l'amour filial, ils honorent et respectent les liens du sang. Le commerce qu'ils font dans l'intérieur du pays, et l'administration des affaires qu'on leur confie volontiers, leur procurent parfois des trésors considérables. Mais ces richesses mêmes sont presque toujours la source de leurs malheurs; car à peine a-t-on deviné leur opulence, que des malveillants ou des envieux les accusent de concussion ou de rapine, et sans plus d'examen le gouvernement les dépouille sans pitié. Trop heureux encore s'ils pouvaient toujours s'en tirer par la perte de leur fortune. Malgré ces vexations continuelles, ils n'ont jamais rien entrepris contre la tyrannie qui les écrase; au contraire, ils en supportent le joug avec une patience à toute épreuve; tant il est vrai qu'une longue habitude peut rendre légers les fers même de l'esclavage.

» Après les Cophtes, les Arabes sont le plus ancien peuple de l'Egypte. Ils forment à peu près les deux tiers de la population. Leurs mœurs diffèrent avec le genre de vie auquel ils sont adonnés. Je ne parlerai pas des *fellahs*, parce que le silence est le seul voile que la charité puisse jeter sur leurs défauts.

» Ceux qui sont connus sous le nom de bédouins, et qui couvrent les solitudes brûlantes situées à l'orient et à l'occident de l'Egypte, présentent des caractères beaucoup moins odieux. Divisés par hordes nomades, ils dédaignent la culture, vivant de fruits sauvages et du produit de leurs troupeaux. Aussitôt que les pâturages où ils ont fait une halte passagère sont épuisés, ils chargent leurs tentes et leurs familles sur leurs chameaux, et vont se fixer dans une autre oasis. Ces hôtes des déserts, vrais pirates d'un océan de sables, sont la terreur des caravanes. Malheur à celles qui ne peuvent leur opposer des forces supérieures; elles doivent se soumettre au tribut ou accepter le combat. Repoussés, les bédouins échappent à toute poursuite en disparaissant comme un trait dans des profondeurs inconnues; ont-ils l'avantage, ils dépouillent les vaincus et se partagent entre eux le butin; mais ils n'abusent pas du succès pour répandre le sang, à moins qu'ils n'aient à venger quelques-uns de leurs compagnons morts ou blessés.

» Malgré leur goût pour le pillage, ces peuples respectent les droits de l'hospitalité; le voyageur qu'ils prennent sous leur sauve-garde, n'a plus rien à craindre ni pour son or, ni pour sa vie, car leur parole est un serment inviolable, et je ne crois pas qu'il y ait d'exemple qu'aucun bédouin se soit rendu parjure.

» Il est une troisième classe, celle des Arabes-cultivateurs, qui ne connaît pas plus la cruauté du fellah que la fierté indomptable du bédouin. Ce sont les plus doux et les plus humains des orientaux. Le désir de la vengeance, si naturel aux nations à demi barbares, n'est point éteint dans leurs cœurs; mais si l'ennemi, dont ils ont résolu la perte, peut se soumettre à venir boire le café avec eux, il n'a plus à trembler pour ses jours; à cette marque de confiance, ils oublient tous leurs ressentiments.

» Avant de commencer leurs repas, qu'ils prennent ordinairement à l'entrée de leurs chaumières ou de leurs tentes, les Arabes-agriculteurs crient à haute voix : Que celui qui a faim approche et mange ! et cette invitation n'est point une stérile formule de politesse; tout homme, quelle que soit la religion à laquelle il appartient, a droit de s'asseoir à leurs côtés, et de se nourrir des aliments servis à leur famille.

» Avec tant d'excellentes qualités, et attachés à la culture d'une terre qui ne demande qu'à produire, ils devraient, ce semble, jouir de toutes les délices de la vie. Toutefois, ils sont les plus malheureux des hommes. Du matin au soir, et d'un bout de l'année jusqu'à l'autre, ils travaillent sans se reposer un moment; leurs pénibles sueurs produisent chaque année des richesses immenses, et cependant ces malheureux languissent dans la pauvreté au milieu de l'opulence qu'ils entretiennent; de toutes leurs fatigues, il ne leur revient que les coups de fouets qui trop souvent ensanglantent leurs épaules.

» Au-dessus de cette caste agricole, dont l'activité n'a d'égale que la misère, les grands de l'Etat s'endorment dans la mollesse et l'oisiveté. Convaincus qu'une aveugle fatalité préside aux destinées humaines, ils attendent l'arrêt du sort sans porter un regard curieux sur l'avenir; ils jouissent avec insouciance du présent, pensent peu, n'ont pas les rêves de l'ambition, parce qu'ils n'en ont pas l'énergie, et sont capables de fumer un jour entier sans ennui.

» Tout seigneur musulman, en Egypte, se lève avec le soleil pour respirer l'air frais du matin. Bientôt après, des esclaves lui apportent de l'eau. Il se purifie en se lavant le visage, les mains et les bras jusqu'aux coudes, et les pieds jusqu'aux chevilles; cela fait, il se tourne vers l'orient et commence ses prostrations. Viennent ensuite d'autres esclaves qui lui présentent le café et la pipe, et tant que dure le déjeûner du maître, ils se tiennent debout devant lui, les mains croisées sur la poitrine, cherchant à prévenir ses moindres volontés. Ses enfants, qu'il envoie chercher, paraissent alors en sa présence : il leur dit quelques mots, les caresse gravement, leur donne sa main à baiser, et les fait reconduire auprès de leur mère.

» De sa famille il passe au soin de ses affaires, qui ne sont jamais compliquées; quelques heures suffisent à ce travail sérieux, après quoi le musulman n'a plus qu'à se chercher des distractions.

» S'il survient des visites, il les reçoit le plus poliment qu'il sait, mais sans beaucoup de compliments. Ses inférieurs doivent se tenir à genoux devant lui, appuyés seulement sur leurs talons; ses égaux ont droit de s'asseoir à ses côtés; un sopha est réservé aux visiteurs de distinction. Dès qu'on s'est placé dans le rang qui convient à chacun, le maître du logis bat des mains, et à l'instant un esclave entre et pose au milieu de la salle une cassolette où brûle un encens précieux; on apporte de longues pipes garnies d'ambre et tout allumées; on sert le café, des confitures et des sorbets, et la conversation se poursuit, lente et amicale, au milieu des rafraîchissements exquis, à travers un léger nuage de vapeurs odorantes.

» Les visiteurs parlent-ils de se retirer, un esclave reparaît, un large plat d'argent à la main; il y place la cassolette aux senteurs embaumées, et la présente tour à tour à chacun des assistants, qui s'en parfument la barbe. L'eau de rose est ensuite versée sur leur tête, et après cette cérémonie, on est libre de reprendre ses pantoufles et de se dire adieu.

» Le soir, on va à la promenade, monté sur des ânes ou sur des chevaux richement caparaçonnés. On suit les rives du Nil ou le bord des canaux, pour jouir de la fraîcheur du crépuscule. Une heure après le coucher du soleil, chacun est rentré chez soi, on soupe en famille, on se couche tout habillé pour se reposer d'une journée oisive, et l'on ne se réveille que pour reprendre, où on l'avait laissée, la trame uniforme d'une vie toujours indolente.

» En Egypte comme dans tout l'Orient, l'existence

des femmes riches est en quelque sorte murée dans l'intérieur du logis; elles naissent, vivent et meurent au sein de ce sanctuaire impénétrable. Toutefois, le soin des affaires domestiques et l'éducation des enfants ne les absorbent pas tellement qu'elles n'aient encore de doux loisirs; elles ne sont même pas aussi prisonnières qu'on pourrait le penser. Tous les jeudis, elles sortent avec leurs esclaves chargées de rafraîchissements. Des pleureuses à gage les suivent. C'est qu'un devoir sacré les appelle au cimetière public. Là elles font entonner des hymnes funèbres; à ces lamentations mercenaires elles mêlent leurs accents plaintifs, elles versent des larmes et des fleurs sur les tombeaux de leurs parents, qu'elles couvrent ensuite des mets apportés par leurs suivantes, et la foule, après avoir convié les âmes des morts, prend un repas religieux, dans la persuasion que ces ombres chéries savourent les mêmes aliments et qu'elles s'associent au sympathique banquet.

» Les Egyptiennes sortent encore une ou deux fois par semaine pour visiter leurs parentes ou leurs amies. Aussitôt qu'une dame étrangère se présente au divan des femmes, la maîtresse du logis se lève en souriant, et va l'embrasser au milieu de la salle; elle lui prend une main qu'elle presse sur son cœur à plusieurs reprises; elle l'invite à s'asseoir sur le sopha d'honneur: « Comment avez-vous pu nous oublier si longtemps? lui dit-elle; ne savez-vous pas combien nous sommes heureuses de vous voir? Votre présence ennoblit notre demeure; vous êtes le bonheur de notre vie, la prunelle de nos yeux, etc. » Tels sont les premiers compliments d'usage. Bientôt les inévitables pipes, le café, les sorbets, les fruits, les confitures et les parfums sont apportées par les esclaves; l'eau de rose coule sur les mains; on mange, on rit, on folâtre avec une joie que j'appellerais enfantine, si la candeur n'était pas inconnue à ces enfants de la servitude.

» Au moment de se séparer, on se dit plusieurs fois : Dieu vous accorde une nombreuse postérité; que le ciel vous donne une longue vie; puisse votre santé être aussi durable qu'elle nous est chère! etc. » Mais on ne s'appelle jamais par son nom; ma mère, ma sœur, ma fille, voilà les titres qu'on adresse à la femme d'un âge mûr, à la nouvelle mariée, et à la jeune personne.

» Tels sont les Egyptiens dans leur vie privée; tels sont du moins ceux de leurs usages qu'un missionnaire peut décrire; car s'il les connaît sous beaucoup d'autres rapports, ce n'est pas pour en parler, mais pour en gémir devant Dieu. Et quand je pense combien est profond l'abîme qui les sépare de la vérité, je m'attendris sur leur aveuglement funeste, je verse des larmes amères sur leur avenir éternel que je voudrais prévenir, fût-ce au prix de mon sang. »

VIII.

TRIOMPHE DE LA GRACE

SUR UNE JEUNE CHRÉTIENNE D'ALEP.

Lettre du même prélat à M. le président du conseil central de Lyon.

Alexandrie d'Egypte, le 24 février 1844.

« Je suis heureux de fournir mon tribut à vos Annales. Le sujet dont je vais vous entretenir est bien simple ; il ne s'agit que d'une toute jeune fille ; mais dans cette enfant a éclaté le triomphe de la grâce, et c'en est assez pour fixer l'attention de vos pieux lecteurs.

» Sur la fin de 1841, une famille catholique composée de trois personnes, le père, la mère et une fille de dix ans, quittait Alep pour se rendre en Egypte. Après avoir visité les lieux saints et traversé la Judée, elle s'enfonça dans le désert par la même route qu'avait autrefois parcourue la sainte famille, fuyant devant la colère d'Hérode. Déjà elle apercevait dans le lointain les murs d'El-Arich, l'antique Gerara, lorsqu'apparut une bande de soldats albanais : à cette vue l'épouvante saisit nos pieux voyageurs, ils courent au hasard et se dispersent dans la solitude qui ne peut les cacher. La jeune fille fut trouvée par ses ravisseurs, pâle, tremblante, appelant sa mère qu'elle ne devait plus revoir, et fut emmenée captive au Caire où on l'enferma dans la maison d'un Arnaute.

» L'infortunée y passait ses jours dans les pleurs, pouvait-elle trop en répandre sur sa liberté perdue et sur sa famille égorgée ! Un seul bien lui restait; c'était sa foi naïve au Dieu des orphelins, et ce trésor menacé, elle le défendait avec un héroïque amour : « Sache bien, disait-elle souvent à son maître, sache bien que ton esclave est chrétienne. »

» Hélas ! il ne l'oubliait pas. Chaque jour, frémissant de n'avoir pas encore brisé ce faible roseau qui se redressait toujours sous l'effort de sa main, il recourait à de nouvelles ruses, flattait par de plus éblouissantes promesses, s'abaissait aux supplications pour se relever vaincu, mais furieux, et dans son dépit essayait de nouvelles tortures, aussi impuissantes que ses prières méprisées et ses vaines menaces. Des larmes et des sanglots, c'est tout ce qu'il arrachait à la pauvre enfant. En vain, le Turc lui disait-il : « Captive d'un musulman, tu embrasseras la religion de ton maître, ou tu vas périr de sa main. — Prends ma vie, répondait-elle, mais laisse-moi mon Dieu ; la jeune fille qui a tout perdu en ce monde ne consentira pas à se fermer le ciel. »

» Et la grâce comptait un triomphe de plus chaque fois que l'oppresseur assaillait sa victime. Comme ces vierges timides des premiers siècles, à qui il fut si souvent donné de dompter dans l'arène des lions rugissants, de les voir enchaînés à leurs pieds par le charme divin d'une angélique vertu, la chrétienne d'Alep imposait au Turc dans sa propre maison, devenue pour elle un amphithéâtre; et le soldat albanais, indigné de céder la victoire à une fille, à une enfant, se retirait étonné et confus de sa défaite.

» Un jour, et ce fut le 18 janvier 1843, la porte de la maison où notre captive gémissait depuis deux ans était restée entr'ouverte : ne doutant pas que le moment de sa délivrance ne fût venu, elle franchit sans être aperçue le seuil de sa prison, et courut se réfugier au hasard dans l'habitation voisine. Par bonheur c'était celle d'un Arménien catholique. A la vue de cette enfant qui entrait chez lui tout effarée, il la reçut dans ses bras, lui demanda qui elle était, d'où elle venait, ce qu'elle voulait de lui; mais elle, tremblante, et comme poursuivie par des ennemis invisibles, ne sut répondre que par ce cri déchirant : « Sauvez-moi ! achetez-moi ! »

» Le bon Arménien pensa qu'il fallait la recueillir pour le moment, et étant parvenu à la tranquilliser, il l'interrogea de nouveau et avec plus de succès. Elle lui raconta tous ses malheurs dans le plus grand détail, puis elle ajouta : « Vous ne me rendrez pas au meurtrier de ma famille; car cette fois il tiendrait sa menace, et pour prix de ma fidélité à notre Dieu, je serais ou égorgée dans sa maison, ou vendue aux nègres du Sennaar. »

» Il n'en fallut pas davantage pour intéresser l'Arménien au sort de l'orpheline. D'abord il la tint cachée pendant plusieurs jours; mais craignant de s'exposer à quelque avanie si d'autres que lui révélaient son secret, il jugea prudent d'informer lui-même l'autorité musulmane de tout ce qui s'était passé.

» Sur sa déposition, le gouverneur égyptien fit amener à son tribunal la fugitive et le soldat albanais; il questionna la jeune fille sur son pays, sur ses parents et sa religion; à quoi elle répondit avec beaucoup d'assurance qu'elle était chrétienne, native d'Alep, qu'elle avait été enlevée de force dans le désert par des soldats albanais, et qu'à défaut de ses parents elle reconnaissait le curé arménien pour son père. « Fais-toi mahométane, lui dirent les Turcs assis pour la juger, et tu partageras notre fortune et nos plaisirs. — Je suis reine par ma foi, répondit-elle; tous vos biens ne valent pas ma couronne; je souffrirais la mort avant d'y renoncer. »

» Tant de courage confondit dans une même admiration le tribunal et l'auditoire, les musulmans comme les chrétiens. Parmi les spectateurs se trouvait un jeune Chaldéen catholique, qui avait suivi ces débats avec le plus vif intérêt; charmé des vertus de la jeune fille, ravi de ses réponses, et s'estimant heureux s'il pouvait lui faire oublier ses longs malheurs, il la demanda pour épouse; son offre fut agréée, et le curé de Terre-Sainte, Don Léonard de Spigno, mineur observantin, a comblé ses vœux en bénissant, il y a peu de jours, ces noces fortunées. Toute la population catholique du Caire a pris part à sa joie, et mon cœur de père, trop souvent abreuvé d'amertume, s'est reposé avec une indicible consolation sur ces deux enfants, si dignes l'un de l'autre par la générosité de leur foi et l'innocence de leur vie..... »

IX.

COURAGE ADMIRABLE D'UNE JEUNE FILLE

A ERBELLA.

Lettre du P. Riccadonna, de la Compagnie de Jésus, au P. Planchet, de la même société

« Vous me demandez si dans mes courses apostoliques je n'ai pas recueilli quelques traits propres à vous édifier. En voici un qui répondra peut-être à vos pieux désirs.

» Au commencement de 1841, une famille nestorienne composée de trois personnes, une pauvre veuve nommée Nassimou, avec son fils Nuejié et sa fille Schimouni, était venue d'Amadie se fixer à Erbella. Le pays voisin était habité par des Chaldéens catholiques. Bientôt il s'établit entre eux et la famille nestorienne de fréquents rapports, à la suite desquels ces trois enfants de l'erreur embrassèrent notre religion sainte.

» Or, un jour que la jeune Schimouni allait puiser de l'eau à la fontaine publique d'Erbella, un musulman, aussi connu pour ses vices que pour sa haine contre les chrétiens, s'approcha d'elle et lui proposa de se faire mahométane. Sans lui répondre, Schimouni s'enfuit pleine d'horreur et d'effroi chez sa mère.

» Le Turc ne devait pas l'y laisser en paix. Voyant sa première tentative échouée, il s'en alla trouver une femme musulmane, à qui il dicta le rôle odieux qu'elle avait à remplir, convint du prix avec elle, et le lendemain, cette misérable, voilée selon l'usage du pays, fut conduite devant l'habitation de Nassimou. Là, en présence de deux témoins, le Turc l'interroge; elle répond qu'elle est Schimouni et qu'elle veut embrasser le koran. Aussitôt l'imposteur mène les témoins auprès du cadi, pour certifier la déclaration qu'ils viennent d'entendre; et celui-ci ordonne à son tour que la jeune fille lui soit présentée. La vraie Schimouni comparaît à sa barre. On la félicite de son abjuration. Mais elle, avec autant d'indignation que d'étonnement, jure qu'elle ne sait rien de tout ce qu'on lui impute. De leur côté, les témoins affirment qu'elle a déclaré devant eux changer volontairement de religion. C'est tout ce qu'il en fallait au juge; la preuve légale existait : il adjugea donc la chrétienne au prophète. En vain protesta-t-elle contre la sentence. Sa fermeté ne fit qu'aggraver son malheur. Le cadi prononça qu'elle serait incarcérée et soumise aux tortures, jusqu'à ce qu'elle reconnût la vérité de ses prétendus aveux. Elle fut en effet jetée en prison, les pieds et les mains chargés de chaînes, sans autre aliment que du pain et de l'eau, et condamnée à recevoir la bastonnade trois fois par jour, et cela pendant cinq jours consécutifs.

» Mais ce fut sans succès; la courageuse jeune fille était bien résolue à mourir, s'il le fallait, plutôt que de renier son Dieu. Les musulmans, d'ailleurs, n'étaient pas sans appréhension sur les suites de cette affaire; ils se rappelaient que trois mois auparavant le consul français de Bagdad avait tiré de leurs mains plus de vingt chrétiennes, réduites en esclavage par le bey de Ravandouze ; s'il apprenait de nouvelles violences, n'était-il pas à craindre qu'il n'intervînt de nouveau, et que son énergie bien connue ne fît retomber la persécution sur ses auteurs ? Ils ôtèrent donc à Schimouni ses lourdes chaînes, et cessèrent de la frapper pour essayer sur elle la séduction des promesses. Elle y résista comme elle avait fait aux tourments. Mais, devenue un peu plus libre depuis que le genre de ses épreuves avait changé, elle en profita pour méditer son évasion. On lui avait dit que le vice-consul français de Mossoul, M. Jean Benni, couvrait les opprimés de sa protection généreuse ; dans son malheur, c'était son unique ressource ; elle se déroba furtivement à la surveillance de ses gardiens, et le 8 juin elle vint à Mossoul avec sa mère se mettre sous la sauve-garde de l'agent consulaire.

» M. Benni l'accueillit comme son enfant, loua sa constance et ranima son courage. Tandis qu'elle commençait à respirer sous l'égide du vice-consul, un nouveau malheur la frappait dans son frère; car, à peine sa fuite était-elle connue, que le cadi d'Erbella avait fait incarcérer Nuejié comme otage. M. Benni réclama aussitôt sa mise en liberté, et fut assez heureux pour obtenir la délivrance de cette seconde victime, qui vint aussi se réfugier à Mossoul.

» Par malheur, le visir Mohammed-Pacha se trouvait alors à Mardin. En son absence, le gouverneur de Mossoul se mit aussi en tête de contraindre Schimouni à l'apostasie. Il fit donc venir les témoins d'Erbella, et, le

29 juin, somma le vice-consul de livrer la jeune fille à son tribunal. Un refus énergique fut tout ce qu'il obtint. Au lieu de sa pupille, ce fut M. Benni qui se présenta au divan, pour demander sinon qu'on abandonnât les poursuites, au moins qu'on les différât jusqu'au retour prochain du visir. Ce n'était pas ce que voulaient les juges. Persuadés que Mohammed rendrait justice à la chrétienne, ils repoussèrent tout ajournement, et comme ils avaient la force en main, sans respect pour le représentant d'une puissance alliée, ils violèrent son domicile et en tirèrent l'infortunée Schimouni qui, toujours intrépide et toujours fidèle à son Dieu, protesta qu'on la couperait en morceaux avant de lui arracher une abjuration.

» Tandis qu'elle passait du tribunal dans un cachot affreux, dont il fut défendu aux chrétiens d'approcher, le zèle du vice-consul ne restait pas oisif. Déjà il avait expédié au visir des lettres pressantes qui, malheureusement, furent interceptées par les Arabes du désert. Un second courrier fut plus heureux et rapporta des instructions favorables. Mais le gouverneur n'en tint pas compte. A la réception des dépêches, il convoqua le divan, où l'agent français fut appelé, et sans communiquer les ordres qu'il avait reçus, il lut la lettre dans laquelle M. Benni dénonçait au visir l'iniquité des magistrats de Mossoul : « Et voilà, ajouta-t-il en fureur, les accusations qu'un raïa se permet contre nous ! Je le livre à vos insultes, et si vous croyez que sa mort puisse expier votre injure, je l'abandonne à votre vengeance ! »

» On n'osa pas cependant se porter contre lui à cette

extrémité. Mais Schimouni paya pour le vice-consul. Rappelée de nouveau à la barre du gouverneur, elle repoussa avec une nouvelle énergie les dépositions mensongères des témoins. N'importe, on voulait en finir : « Au nom de nos lois, dit le juge, je te déclare musulmane! — Et moi, s'écria la captive, je déclare que je suis chrétienne, que je l'ai toujours été, que je le serai jusqu'à la mort. » Le juge, bondissant sur son tribunal, commanda aux bourreaux de la flageller. Elle reçut ce jour-là près de cent coups de bâton. On lui arracha avec les cheveux des lambeaux de peau saignante. — Tant qu'il me restera un souffle de vie, il est à Jésus-Christ, » murmurait la jeune fille d'une voix étouffée par la douleur. A ces mots, le cadi s'en prend aux bourreaux : « Ils ne font pas leur devoir, dit-il au gouverneur. Ne voyez-vous pas, à la mollesse de leurs coups, que l'argent du vice-consul retient leurs bras? Laissez-moi faire; je me charge, moi, de mesurer le châtiment à l'obstination de la chrétienne. » Et il la fait emporter chez lui sur un brancard, loin de tout encouragement, de toute consolation humaine, afin de la torturer plus à son aise.

» Libre cette fois de persécuter sans contrôle et sans témoins, il chargea de fers sa victime, la tint constamment exposée, sous un ciel de feu, aux ardeurs brûlantes du soleil, joignant chaque jour le supplice du fouet à la privation presque totale des aliments. Aussi fut-elle bientôt réduite à la dernière extrémité. Un médecin qui la vit dans cet état, pensa qu'elle ne pouvait pas vivre au-delà de vingt-quatre heures. Et pour désoler encore son agonie, le cadi lui répétait sans cesse que si elle ne se faisait pas musulmane, on allait l'abandonner comme un vil jouet aux outrages de la populace turque.

» Dieu ne permit pas qu'il réalisât cette horrible menace. On venait d'apprendre à Mossoul que le consul général à Bagdad avait porté ses plaintes à Constantinople; de son côté, M. Benni avait écrit de nouveau au visir, et des ordres plus impérieux de Mohammed avaient enjoint au gouverneur de suspendre la procédure jusqu'à son retonr. Il fallut bien céder. Après trois mois et demi d'absence, Mohammed rentrait enfin à Mossoul, et le jour même où la Chaldée fête la patronne de Schimouni, cette héroïque néophyte était rendue à sa mère. Elles reprirent ensemble le chemin d'Amadie, lieu de leur naissance, afin d'y achever leurs jours en paix, dans la pratique de la religion et la fidélité à la foi dont elles avaient failli être les martyres. J'étais moi-même dans cette ville au moment où elles venaient y chercher le repos.

MISSIONS D'ASIE :

INDE, SIAM, LE MADURÉE, LA CORÉE, ETC.

X.

CONDITIONS DES FEMMES INDIENNES.

SACRIFICE DES VEUVES.

Extrait d'une notice sur les mœurs, les coutumes et la religion des Indiens ou Indous.

« ..... Les femmes indiennes ne mangent pas avec leurs maris; elles attendent qu'ils aient fini leur repas pour prendre le leur. On voit par là que les femmes ne sont guère honorées dans l'Inde; dès leur plus tendre enfance on leur enseigne qu'elles sont, pour ainsi dire, d'une nature inférieure à celle des hommes, et qu'il y a une distance immense entre elles et eux. Elles en sont tellement persuadées, que s'il leur arrive de tomber dans quelque faute, leur principale excuse consiste à dire : *Vous savez bien que je ne suis qu'une femme.* Pour augmenter leurs sentiments d'humilité, on ne leur apprend ni à lire ni à écrire, même dans les classes les plus élevées. On marie ordinairement les jeunes gens à l'âge de seize ans, et les filles à l'âge de cinq ans [1]; mais celles-ci demeurent chez leurs parents jusqu'à ce qu'elles soient parvenues à l'âge nubile. Le mari achète sa femme; elle est sa propriété; elle ne lui parle qu'avec respect et en lui donnant le nom de maître et de seigneur; le mari ne lui en donne pas d'autre que celui de servante ou d'esclave. Lorsque deux amis se rencontrent, ils ne se demandent jamais des nouvelles de leurs femmes; et s'ils se rendent visite, ils n'adressent point la parole à celle-ci en présence du mari. Ce n'est pas, comme on pourrait le croire, pour éviter de faire naître des sentiments de jalousie, ou par quelque autre motif honorable, mais c'est à cause du peu de considération qu'ils ont pour les femmes. Il y a encore quelque chose de bien plus détestable : on n'élève point les enfants dans l'habitude du respect pour leur mère, quand les garçons commencent à grandir, non-seulement ils se révoltent contre elle, mais ils vont jusqu'à la frapper, et le père regarde avec indifférence cet indigne outrage.

» Le célibat est permis aux hommes dans certains cas, et seulement pour des motifs religieux; autrement tout

[1] Dans une caste, appelée Makula Kokulou Canara, lorsqu'une mère de famille marie sa fille aînée, elle est obligée de subir l'amputation de deux phalanges du doigt du milieu et de l'annulaire. On n'a pu découvrir la raison de cet usage barbare.

homme est obligé d'acquitter la dette des ancêtres, c'est-à-dire de leur donner des descendants. Les filles doivent se marier : le mépris dans lequel elles sont tenues, lorsqu'elles ne peuvent pas le faire, leur paraît plus insupportable que les inconvénients qu'elles rencontrent dans le mariage. Le mari qui perd sa femme peut se remarier; une veuve ne le peut jamais. Ainsi on voit quelquefois un vieux brahme de soixante ans épouser une petite fille de cinq ans; le mari meurt, et sa femme devient veuve, avant même d'avoir atteint l'âge nubile. Le mariage est indissoluble; la polygamie est tolérée parmi les grands seulement; néanmoins un homme a le droit d'épouser une seconde femme du vivant de la première, s'il n'en a point eu d'enfant, ou s'il n'en a eu que des filles.....

» Les veuves, dans l'Inde, sont au moins autant à plaindre que les filles qui restent dans le célibat; il semble qu'on prend plaisir à les abreuver de fiel et d'amertume; on veut par-là obliger les femmes a être plus attentives à soigner leurs époux, à être plus désireuses de les conserver, à cause du malheur qui les attend si elles viennent à les perdre. Car alors on les engage, par tous les moyens possibles, à se brûler vivantes sur le bûcher de leurs maris; celles qui se dévouent ainsi à la mort sont appelées suttys : ces épouvantables sacrifices ne sont point impérieusement commandés, mais ils n'en sont pas moins très-nombreux. Ils sont regardés comme un hommage rendu à la mémoire du défunt, et dont la gloire rejaillit sur toute la famille; aussi les enfants et les parents de la veuve qui manifeste l'intention d'exécuter cet horrible projet, l'y encouragent, loin de l'en détourner.

» Cette coutume barbare de brûler les femmes sur le bûcher de leurs maris est principalement en vigueur dans les classes élevées; le point d'honneur, et la crainte d'être déshonorées et de devenir la fable du public, force les dames indiennes à se dévouer à cet horrible supplice. En 1710, le roi de Marava étant mort à l'âge de quatre-vingts ans, ses quarante-sept femmes devinrent la proie des flammes. Les Anglais ont bien cherché à détruire cet usage épouvantable; mais ils ont pris de si faibles mesures, que leur défense, loin d'arrêter le préjugé, l'a rendu plus général. En 1817, dans la seule présidence du Bengale, sept cent six veuves se sont ainsi brûlées sur le bûcher de leurs maris.

» Le roi de Tanjaour étant mort, en 1801, deux de ses femmes furent désignées par les brahmes pour être les victimes de l'homicide sacrifice. Voici la description que fait M. Dubois de la cérémonie :

» A trois ou quatre lieues de la résidence royale, on creusa une fosse carrée, peu profonde, et large de douze à quinze pieds en tous sens; on éleva une pyramide de bois de sandal, supportée par une espèce d'échafaud construit du même bois; les piliers qui le soutenaient étaient disposés de manière qu'on pouvait les retirer aisément, et par ce moyen faire subitement écrouler tout l'édifice. Du beurre liquide, contenu dans de vastes urnes de cuivre placées aux quatre coins, devait servir à arroser le bûcher, pour hâter la combustion.

» Voici dans quel ordre le cortége se mit en marche : En tête on voyait un grand nombre de soldats armés, immédiatement suivis d'une multitude de musiciens, principalement de trompettes, qui faisaient retentir l'air de sons lugubres; après eux venait le corps du roi porté dans un superbe palanquin ouvert, accompagné de son gourou (directeur spirituel), de ses principaux officiers et de ses plus proches parents, tous à pied et sans turban, en signe de deuil, et d'une multitude de brahmes; paraissaient ensuite les deux victimes, portées aussi chacune sur un riche palanquin, et chargées plutôt que parées de bijoux. Plusieurs rangs de soldats, placés de part et d'autre, maintenaient l'ordre et écartaient la foule immense qui accourait de toutes parts. Les deux reines, accompagnées de quelques-unes de leurs favorites, s'entretenaient de temps en temps avec elles; suivaient leurs parents, hommes et femmes, à qui elles avaient distribué des présents considérables avant de sortir du palais; une affluence innombrable de brahmes et de personnes de toutes les castes fermaient la marche.

» Arrivées à l'endroit où les attendait une mort prématurée, on leur fit faire les ablutions et autres cérémonies d'usage, et elles s'en acquittèrent avec courage et sang-froid. Cependant, lorsqu'il fallut faire la triple promenade circulaire autour du bûcher, une altération soudaine se fit remarquer dans tous leurs traits; leur fermeté paraissait près de les abandonner, malgré les efforts visibles qu'elles faisaient pour étouffer la voix de la nature. Durant cet intervalle, le cadavre avait été déposé sur la plate-forme dressée au milieu de la pyramide; on y fit monter les deux reines, toujours couvertes de leurs riches parures, et qui, après s'être couchées l'une à droite et l'autre à gauche du prince défunt, se prirent par la main en passant leurs bras par-dessus son corps. Les brahmes officiants prononcèrent alors à haute voix plusieurs mantrams, aspergèrent le bûcher avec leur *tirtam* ou eau lustrale, et le beurre contenu dans les vases fut jeté sur le bûcher auquel, en même temps, le feu fut mis, d'un côté, par le plus proche parent du roi, de l'autre, par son gourou, et tout autour par des brahmes de distinction. Bientôt les flammes s'élevèrent avec rapidité; et les supports de l'édifice ayant été retirés, il s'écroula, et dut écraser, dans sa chute, les deux malheureuses victimes. A cette vue, tous les spectateurs poussèrent des cris de joie; les parents qui entouraient le bûcher appelèrent à plusieurs reprises les princesses par leur nom, et on avait entendu, disait-on, sortir du milieu des flammes le mot *yon* (quoi ?) distinctement prononcé; ridicule illusion d'esprits aveuglés par le fanatisme! comme si les infortunées victimes n'eussent pas été en ce moment hors d'état d'entendre et de répondre.

» Deux jours après, lorsque le feu fut entièrement éteint, on retira des cendres les restes des ossements qui avaient échappé à la violence des flammes, et on les mit dans des urnes de cuivre rouge, qui furent scellées du sceau du nouveau roi. Quelque temps après, trente brahmes furent choisis pour porter ces reliques à Kassy (Bénarez), et les jeter dans les eaux sacrées du Gange. Ils devaient recevoir, à leur retour de cette ville sainte, une riche récompense, en produisant des certificats authentiques attestant qu'ils avaient accompli le voyage, et qu'ils s'étaient fidèlement acquittés de cette commisssion.

» On réserva une partie de ces ossements qui, réduite en poudre, et mêlés avec du ris bouilli, furent mangés par douze brahmes. Cet acte qui révolte la nature, avait pour but l'expiation des péchés des défunts; péchés qui, suivant la commune opinion, sont transmis dans le corps des personnes à qui l'appât du gain fait surmonter la répugnance que doit inspirer un mets si détestable. Aussi est-on persuadé que l'argent, qui est le prix de cette basse condescendance, ne leur est jamais profitable.

» On retira aussi des cendres l'or provenant des joyaux que portaient les princesses, et que la violence des flammes avait mis en fusion.

» Des présents furent faits aux brahmes qui avaient présidé aux funérailles, et à ceux qui les avaient honorées de leur présence. Le gourou du roi reçut un éléphant; les trois palanquins qui avaient servi à transporter le corps du roi et les deux victimes au bûcher, furent donnés aux trois brahmes les plus distingués. Les cadeaux distribués aux autres individus de cette caste consistaient en toiles et en argent, dont le montant s'éleva environ à vingt-cinq mille roupies. Plusieurs sacs de petite monnaie avaient été jetés à la foule sur la route qu'avait suivie le cortége en se rendant au bûcher. Enfin, on fit bâtir douze maisons qu'on donna aux brahmes qui avaient eu le courage d'engloutir dans leur estomac tous les péchés des trois défunts. »

» Que de réflexions doit faire naître le récit de ces atrocités, et tout ce que nous venons de dire sur l'oppression dans laquelle gémissent les femmes indiennes ! Chez tous les peuples que la vraie religion n'a pas éclairés de sa lumière, le sexe le plus faible est brutalement asservi au plus fort. En Turquie comme au Thibet, en Chine comme dans l'Inde, les femmes sont traitées en esclaves ; le christianisme a pu seul faire reconnaître les droits qu'elles tiennent de Dieu, comme épouses et mères...... »

XI.

SORT DES FEMMES

CHEZ LES PEUPLES ASIATIQUES.

Fragment d'une lettre de Mgr. Bruguière, évêque de Capse, coadjuteur du vicaire apostolique de Siam.

« ...... Le costume des femmes chinoises ne diffère de celui des hommes qu'en ce que leur robe est plus longue ; elles conservent tous leurs cheveux qu'elles nouent à la manière des Cochinchinois. Dès l'âge de cinq à six ans on leur tord les doigts des pieds, à l'exception du gros orteil, et on les renverse sous la plante des pieds. Cette coutume barbare a commencé quelque temps après notre ère vulgaire. C'est l'empereur Schou, de la seizième dynastie, qui l'introduisit, afin que les femmes fussent plus sédentaires; en effet, elles marchent difficilement, on dirait qu'elles ont des entraves ou qu'elles marchent sur des épines. Cet usage, n'est pas généralement adopté. Les dames chinoises ont toujours un grand éventail à la main. Lorsqu'elles sortent, ce qui est très-rare, elles se placent sur un siége qui à la forme d'une stalle; ce siége est couvert par devant et porté par deux hommes.....

» A Siam, et dans toutes les parties de l'Asie où le christianisme n'a pu améliorer leur sort, les femmes sont toutes, à quelque chose près, esclaves de leurs maris; on voit visiblement se vérifier la menace que Dieu fit autrefois aux personnes de leur sexe, dans la personne d'Eve. Chez les grands, les femmes sont enfermées dans le harem, d'où elles ne sortent presque jamais. Lorsque les princes donnent audience, elles se placent au fond de la galerie, mais dans un lieu plus bas, ou derrière un tissu de paille qui leur donne la facilité de tout voir et de tout entendre, sans être aperçues de personne. Elles ne mangent jamais avec leurs maris; en leur présence, elles font en sorte de ne pas se trouver de niveau avec eux. Si une femme s'asseyait dans un lieu où elle fût plus élevée que son mari, ou si elle suspendait par mégarde un mouchoir ou une ceinture qui dominât sur sa tête, il n'en faudrait pas davantage pour mettre le trouble dans le ménage, et peut-être pour en venir à une rupture ouverte. Le mari regarderait cette action comme une insulte faite à sa personne, et comme une preuve incontestable que la femme veut dominer dans la maison. Demander à un mandarin des nouvelles de sa femme, la saluer, lui adresser la parole, même en présence du mari, ce sont autant de choses qui sont défendues à Siam et ailleurs. De pareils procédés causeraient autant d'étonnement que de scandale. On ne persuadera jamais à un asiatique qu'une femme soit un être assez important pour qu'un homme sensé s'occupe de ce qui la concerne, ou prenne intérêt à sa santé; dans une province de ce royaume (de Siam), les hommes se croiraient déshonorés s'ils passaient par un endroit qui a été souillé par la présence d'une femme. Un de nos prêtres ayant été en mission auprès de ces peuples, on lui disait quelquefois : *Ne passez pas par là, les femmes y passent.* Les hommes ne veulent pas qu'elles entrent dans la maison par la même porte qu'eux; par le même principe *d'équité*, ils leur refusent l'entrée du ciel. Ils pensent qu'il serait indigne d'un homme de se trouver au ciel avec une femme. Les personnes du sexe, de basse condition, peuvent sortir de leurs maisons, mais ce n'est pas pour aller à la promenade; c'est seulement pour travailler à la campagne ou pour faire quelque petit trafic. Pendant que le plus souvent, le mari joue, boit, dort, ou travaille au service du prince, la femme pourvoit à l'entretien de toute la famille par son travail et son industrie. Les chrétiens sont les seuls qui ne partagent pas ces préjugés. Ils se conduisent à l'égard de leurs femmes à peu près comme les Européens.

» La polygamie est permise à tous les hommes. Le roi ne donne le titre de reine qu'à une seule de ses femmes, à laquelle toutes les autres sont inférieures sous tous les rapports. Elle s'appelle *ackhamacssi*. Les simples particuliers qui ont plusieurs femmes, ont aussi le droit d'en choisir une qui porte le titre de mia-jai, c'est-à-dire épouse grande ; elle a autorité sur toutes les autres. Lorsqu'un Siamois veut se marier, il ne prend pas une femme, il l'achette, le prix n'en est pas fixé; cela dépend de la volonté des parents de la future. En vertu de ce contrat, la loi accorde au mari le droit de la battre, de la renvoyer ou de la vendre comme esclave. Il n'a le droit de la tuer que dans un seul cas; ces droits ne sont pas réciproques. Ainsi, si la femme s'enfuyait chez ses parents pour cause de mauvais traitements, le mari a la faculté de la réclamer comme un objet qui lui appartient par contrat de vente; mais les femmes, poussées à bout, empoisonnent très-souvent leurs maris. Les parents ont le droit de vendre leurs enfants, et ils en usent fréquemment; rien de plus commun à Siam que de voir des enfants vendus comme esclaves. La condition de ces pauvres enfants n'est pas bien dure, les Siamois sont naturellement doux; leurs parents peuvent les racheter en rendant l'argent qu'ils avaient reçu. Cette coutume, toute inhumaine qu'elle est, est moins barbare que celle des Chinois qui étouffent leurs propres enfants. Dans la province de Fokien, les parents conservent la vie à tous les garçons, mais ils ne conservent guère plus de deux filles; toutes celles qui naissent ensuite sont mises à mort impitoyablement. Ce sont les mères qui deviennent elles-mêmes les bourreaux de leurs propres enfants; lorsque la femme est accouchée, le mari rentre et demande si elle est accouchée d'un garçon; si, sur la réponse négative, il sort en manifestant sa mauvaise humeur, l'arrêt de mort est prononcé, dès-lors, contre l'innocente créature qui vient de naître. La mère dénaturée prend à l'instant sa fille et l'étouffe de ses propres mains ! Le gouvernement est bien éloigné de sévir contre les coupables. C'est une maxime généralement reçue en Chine, que la nature accorde aux parents le droit de faire périr leurs enfants ou de les élever selon leur volonté..... Je ne crois pas que ces horreurs aient lieu dans toutes les provinces de l'empire; peut-être même pourrait-on assurer que cette coutume exécrable a sensiblement diminué en certains endroits; depuis que le christianisme a paru en Chine, les infidèles commencent à rougir de leur barbarie. Il faut espérer que le nombre des chrétiens augmentant toujours, l'infanticide deviendra un crime presque inconnu dans ce malheureux pays. »

XII.

L'ÉLÉPHANT BLANC DU ROI DE SIAM.

Fragment d'une lettre de Mgr. Bruguière, évêque de Capse, à M. Bousquet, vicaire-général d'Aix.

Bangkok, 1829.

« ..... C'est de cette fausse persuasion que les animaux sont nos frères, que vient la défense de les tuer. Les dévots Siamois achettent du poisson encore vivant et le jettent dans la rivière; ils offrent, comme je l'ai déjà dit plus haut, des cochons et autres animaux pour être nourris dans les pagodes jusqu'à ce qu'ils meurent d'une mort naturelle. Ainsi les Siamois font des dépenses pour conserver la vie à un animal; ils lui donnent un hospice, et il ne leur est jamais venu dans l'esprit de fonder un hôpital pour le soulagement de leurs frères malades; les bêtes sont leur prochain. Tel est l'homme lorsqu'il est privé de la lumière de la vraie religion!

» Quoique la défense de tuer les animaux soit générale, les Siamois n'ont pas une égale estime et une égale affection pour tous; ils ont en horreur le chien, je ne sais pourquoi; on se déshonorerait devant un Siamois, si l'on caressait un chien. Les missionnaires nouvellement arrivés à Siam doivent s'observer beaucoup à cet égard, de crainte de choquer les infidèles; au contraire, ils aiment beaucoup le chat parce qu'il étrangle les rats, qui rongent les livres des talapoins; les corbeaux et les vautours sont au rang des anges; le lièvre passe ici pour avoir beaucoup d'esprit et beaucoup d'astuce; on lui attribue tous les tours d'adresse que les anciens et les modernes mettent sur le compte du renard. Mais rien n'égale la vénération que les Siamois ont pour l'éléphant blanc. Le roi doit en avoir un au moins; c'est comme un palladium au sort duquel est attachée la vie du prince et la prospérité de l'empire; si l'éléphant meurt, le roi perd tout le mérite qu'il avait acquis en le nourrissant; il doit même mourir dans le courant de l'année qui suit la mort de l'éléphant.

Cette appréhension est cause qu'on prend un soin extraordinaire de sa santé. L'éléphant blanc a le titre de chauphaja : ce titre répond à la grandesse de première classe des Espagnols ; il prend immédiatement rang après les princes du sang. On serait sévèrement puni si on l'appelait par son propre nom ; il habite une espèce de palais, il a une cour nombreuse, des officiers, des gardes, des valets de chambre ; il porte sur sa tête une espèce de diadême ; ses dents sont garnies de plusieurs anneaux d'or ; il est servi en vaisselle d'or, ou de vermeille ; on le nourrit de cannes à sucre et d'autres fruits délicieux. Lorsqu'il va au bain, un nombreux cortége l'accompagne ; un des gardes frappe en cadence sur un bassin de cuivre, un autre étend sur sa tête le grand parasol rouge, honneurs réservés aux grands dignitaires ; ses officiers ne peuvent se retirer d'auprès de lui qu'après l'avoir salué profondément. Lorsqu'il est malade, un des médecins de la cour doit le traiter ; les talapoins viennent lui rendre visite ; ils récitent plusieurs prières pour obtenir sa guérison ; ils l'arrosent de leur eau lustrale. Malgré tant de bons offices, l'éléphant blanc est souvent de mauvaise humeur, et plus d'une fois il aurait tué tous les talapoins, si ceux-ci n'avaient soin de se tenir à une distance qui les met hors d'atteinte des dents et de la trompe de sa seigneurie. Celui que nous avons dans ce moment est fort indocile ; on a été obligé de lui couper les dents. Tous les soirs il y a grand concert chez l'éléphant ; il est réglé, par l'étiquette, que son excellence ne doit s'endormir qu'au son des instruments.

» Lorsque l'éléphant blanc meurt, le roi et la cour sont dans la plus grande affliction; on rend à son corps des honneurs funèbres dignes du rang qu'il a occupé pendant sa vie. On ajoute que l'éléphant blanc donne quelquefois des audiences publiques, qu'on lui fait des présents; s'il les accepte, c'est une marque infaillible que celui qui fait ce don a beaucoup de mérites; s'il les dédaigne, c'est une preuve qu'il n'est pas agréable au ciel. Je n'ose pas vous garantir la certitude de ce dernier fait. Celui qui peut prendre un de ces animaux est exempt, lui et toute sa postérité, de tout impôt et de toute corvée. Il est bien difficile d'assigner la cause d'une vénération si extravagante pour cet animal; je crois avoir vu, quelque part, que les anciens rois de Siam se disaient fils d'un éléphant blanc; certains Siamois, pensant différemment, disent que l'âme du roi défunt entre dans le corps d'un éléphant; cette seconde opinion n'est pas fort opposée à la première; d'autres enfin avouent qu'ils n'en savent rien; je me range de leur côté, en attendant de plus amples informations.

» Le singe blanc jouit, à quelque chose près, des mêmes priviléges que l'éléphant. Il est phaja, il a bouche en cour, il a des officiers à son service; mais il est obligé de céder le pas à phaja l'éléphant. Les Siamois disent que le singe est un homme qui n'est pas fort beau à la vérité; mais qu'importe, il n'en est pas moins notre frère; s'il ne parle point, c'est par prudence, il craint que le roi ne le fasse travailler à son service sans lui donner aucun salaire. Il paraît cependant qu'il a parlé autrefois, puisqu'il fut envoyé en qualité de généralissime pour combattre, si je ne me trompe, une armée de géants. D'un coup de pied il fendit une montagne en deux ; on dit qu'il termina cette guerre avec honneur; je ne sais si c'est son antique bravoure qui lui a mérité la bienveillance des rois de Siam..... »

XIII.

LES CASTES INDIENNES.

NÉOPHYTES INDIENS.

Fragment d'une lettre du P. Walter Clifford, jésuite, à ses amis d'Angleterre.

Trichinopoly, le 15 août 1843.

« ..... Dans ce pays, ce n'est pas la fortune, mais la naissance qui constitue le gentilhomme. Etes-vous né dans telle caste? c'en est assez pour appartenir à la bonne compagnie; si malheureusement vous êtes issu de parents parias, vous êtes classé parmi les gens de bas étage. Il n'y a pas de remède à cette déchéance héréditaire; tous les trésors de Crésus ne sauraient vous tirer de votre fumier et vous réhabiliter aux yeux des hautes castes. Quand vous pourriez étaler toutes les richesses et la sagesse même de Salomon, vous n'en porteriez pas moins avec vous la tache originelle de votre tribu, que rien ne saurait effacer. Ici les degrés de la société sont infranchissables; celui dans lequel vous êtes né est aussi celui où vous devez vous résigner à mourir, méprisé de toutes les conditions supérieures à la vôtre; ainsi le veut l'opinion, cette loi de fer que personne ne peut entreprendre de fléchir ni de briser. Il faut la subir jusque dans ses arrêts les plus bizarres; elle a prononcé, par exemple, que le vieux bœuf rôti d'Angleterre n'est bon qu'à nourrir les chiens et les parias, et voilà un oracle sacré! Malheur à vous si vous veniez à l'enfreindre, on vous fuirait avec dégoût comme atteint d'une flétrissure. Aussi avons-nous souvent l'occasion de répéter avec l'apôtre, dans son épître aux Romains : *Noli cibo tuo illum perdere, pro quo Christus mortuus est :* Ne perdez pas par votre nourriture celui pour qui le Christ est mort.

» Ici encore toute profession est héréditaire; nous avons la caste des tailleurs, celle des cordonniers, etc., et l'enfant devra passer sa vie dans la boutique où le hasard a placé son berceau. Heureusement la plus grande partie des fidèles appartient aux conditions en honneur. Ce n'est pas que toutes les âmes ne soient également l'objet de nos sollicitudes, puisque toutes ont été rachetées par le sang de Jésus-Christ; mais aux yeux des païens, avoir pour soi beaucoup de tribus distinguées est une gloire qui rejaillit sur la religion même, et c'est uniquement pour ce motif que je mentionne un tel préjugé.

» Si la naissance a mis nos chrétiens à couvert du mépris, elle ne leur a pas donné la richesse; tous sont obligés de travailler pour gagner leur vie, et le nombre de ceux qui remplissent des emplois lucratifs est très-limité; aussi ne sont-ils guère en état de subvenir aux besoins de la mission ni à l'entretien du prêtre qui parcourt leurs villages pour les instruire. Si vous pouviez les voir dans leur cabane fangeuse, dont les murs ont au plus quatre à cinq pieds de haut, couchés sur la terre nue, à peine couverts de quelques haillons, et ne possédant pour tout bien que quelques jarres de riz; si vous étiez témoins de leur agonie, lorsqu'ils se tordent et se roulent dans les convulsions du choléra qui, chaque année, et principalement dans les temps froids emporte subitement au tombeau des milliers de victimes, vous comprendriez facilement que nous n'avons pas grands secours à attendre de gens qui seraient eux-mêmes dans le cas de solliciter nos aumônes.

» Et pourtant, il faut le dire, je les trouve souvent plus heureux que les pauvres de nos pays! Pendant la plus grande partie de l'année, l'Indien dépense peu pour ses vêtements; ce qu'il achette pendant toute la durée de sa vie, chez les marchands de modes et les tailleurs, ne formerait pas à coup sûr un compte très-élevé. Un tamarinier, aux branches larges et touffues, l'invite à chercher sous son ombrage un abri contre les rayons brûlants du soleil; voilà le seul toit dont il ait besoin pour jouir des douceurs du repos. La nature, cette bonne nourrice de l'homme, ou plutôt le ciel, n'a pas été avare envers lui de ce don si précieux pour le mercenaire fatigué; aucun peuple ne possède comme celui-ci le privilége de dormir profondément. Fût-il à jeun depuis longtemps, s'il se couche, il s'endort à l'instant même. Bien différent de nos pauvres d'Angleterre que les tourments de la faim réduisent à passer de longues veilles dans les angoisses et les larmes, l'Indien semble éprouver toute la vérité du proverbe français, *qui dort dîne*. La profondeur de son léthargique assoupissement n'est pas moins étonnante. J'ai connu un *groom* qui, tandis qu'il était plongé dans le sommeil, recevait de vigoureux coups de pieds de mon *poney* et d'un autre petit cheval qui se battaient, se cabraient et se ruaient sur lui ; le bienheureux Indien n'en dormait pas moins aussi paisiblement qu'un enfant dans son berceau.

» Lorsque je me rappelle le pain d'orge, noir et grossier, qui fait le seul aliment des habitants de vos campagnes, et la chétive nourriture des enfants de vos fabriques, je suis porté à croire que les pauvres, ici, sont beaucoup moins à plaindre que ceux de la Grande-Bretagne. J'ai été souvent frappé de la bonne mine et de l'air enjoué de nos jeunes Indiens, plus heureux que ces jeunes victimes de la misère et de la débauche, qu'on voit errer sur vos places comme de livides squelettes, chaque fois que le travail des manufactures est suspendu ; désolant spectacle dont j'ai été si souvent témoin dans ma patrie !

» Nous n'avons pas non plus à descendre dans ces réduits souterrains qu'habitent tant de malheureux en Angleterre, antres fétides et dégoûtants, à peine éclairés par quelque pâle rayon de lumière, où l'air corrompu et pestilentiel qu'on respire engendre et propage le typhus. Ne vaut-il pas beaucoup mieux, dans un climat chaud comme celui-ci, reposer sur la terre nue, que sur ces misérables haillons où j'ai vu, étendus pêle-mêle, nos enfants d'ouvriers, dont les corps amaigris, consumés par la faim et par l'excès du travail, sont encore défigurés par la crasse qui les ronge? Il est vrai que lorsque la famine ravage le pays, ou que le choléra décime ses habitants, toute comparaison doit cesser.

» Que n'aurais-je pas à dire encore sur vos maisons de travail? mais je ne m'étendrai pas sur ce sujet, bien qu'il soit un de ceux qui réveillent en moi les plus vives sympathies comme les plus douloureuses pensées. Soyez assurés, mes chers amis, si vous êtes au nombre de mes lecteurs, que je n'ai pas oublié les scènes de souffrances dont j'ai été souvent avec vous le témoin; puissiez-vous, à votre tour, vous souvenir de moi lorsque vous êtes agenouillés devant Celui qui est le Père des pauvres!

» J'ajouterai une dernière observation sur le paupérisme indien; c'est qu'entre les familles fortunées et la classe indigente, il existe une ligne de séparation tout aussi tranchée, tout aussi profonde que celle qui divise les castes; mais avec cette différence importante que le pauvre peut devenir riche, tandis que le paria, comme je l'ai déjà fait remarquer, ne peut jamais devenir membre d'une tribu supérieure.

» Toutes les fois que ces préjugés nationaux ne blessent en rien les intérêts de la religion, nous sommes obligés de les respecter. Essayer de les déraciner, serait peine inutile; outre qu'on produirait presque toujours beaucoup de mal, on se rendrait tout aussi ridicule que si l'on voulait, en Angleterre, persuader aux lords de dîner à la même table que leurs domestiques, sous prétexte que devant Dieu tous les hommes ne sont que cendre et poussière. Ce serait là une réponse suffisante aux vaines déclamations, aux théories philantropiques de ces hommes qui raisonnent à perte de vue sur les maux occasionnés par des distinctions qu'ils voudraient voir abolies. Nos prôneurs d'égalité de la race humaine seraient, j'imagine, aussi surpris qu'embarrassés, si on les invitait à se dépouiller de leurs titres, afin de prouver, en descendant eux-mêmes au niveau des conditions les plus obscures, la sincérité de leur respect pour les droits de l'homme. Pour nous, nous nous contentons de prendre nos gens tels qu'ils sont, sans les obliger à faire des concessions si onéreuses qu'ils ne pourraient y consentir sans devenir eux-mêmes le rebut de la nation entière.

» Lorsque je réfléchis à cet attachement extrême des indigènes pour les usages et le culte religieux qu'ils tiennent de leurs pères, je ne puis assez admirer la puissance merveilleuse de l'Evangile qui, malgré cet obstacle presque invincible, a su les décider à embrasser une foi entièrement nouvelle, appuyée sur des monuments dont rien ne les aide à constater la valeur historique, prêchée enfin par des étrangers, par des enfants de cette civilisation européenne pour laquelle l'Indien professe un souverain mépris. C'est là, à mes yeux, le plus grand triomphe de la grâce divine ; s'ils n'eussent été appelés par Celui qui sait, dit saint Augustin, tenir à chacun le langage le plus propre à gagner son cœur, la voix de l'homme eût tenté vainement de se faire entendre; sa prédication fût restée stérile, ainsi que le démontre l'inutilité de la propagande protestante, toute prodigue qu'elle est de son or et de ses bibles.

» Je ne dirai rien du culte grossier et sensuel que nos fidèles ont abjuré; il est si vil et si méprisable que des oreilles chrétiennes ne sauraient en supporter le récit. Nulle part le démon ne s'est joué plus ouvertement de la raison humaine; on dirait une cruelle moquerie de l'enfer pour défigurer l'image de Dieu, tant ces dévots imbéciles se font honneur de ressembler à la brute; tant ils affectent, à la face même du ciel, de se parer des insignes de la turpitude. C'est un spectacle bien humiliant et qui montre assez, pour quiconque a des yeux pour voir, quelle effroyable ruine se ferait un jour dans notre âme immortelle, si elle venait malheureusement à tomber au pouvoir de l'ennemi de l'homme.

» N'attendez pas non plus de moi, mes chers amis, des détails sur les défauts de nos Indiens : il me siérait mal à moi, leur pasteur, de révéler leurs faiblesses; est-ce au médecin à découvrir la honte des plaies qu'il est appelé à guérir ? J'aime mieux vous parler de leurs bonnes qualités; elles sont d'ailleurs nombreuses et me fourniront un sujet plus conforme à mes goûts, plus digne de mon ministère.

» Leur patience dans les épreuves, la résignation avec laquelle ils acceptent la mort lorsque Dieu les appelle à lui, leur calme plein de confiance en attendant l'heure dernière, après qu'ils ont reçu les consolations de la religion, ainsi que leur tendre dévotion envers Marie, m'ont toujours paru admirables et ont souvent frappé d'étonnement nos missionnaires. On pourrait leur souhaiter une foi plus éclairée, j'en conviens; mais, dans sa simplicité, elle mériterait encore les éloges de Celui qui a dit : Je n'ai pas trouvé une foi pareille dans Israël. Rien n'égale leur pieuse compassion pour les âmes du purgatoire. Le jour anniversaire de la mort d'un ami ou d'un parent, ils ont grand soin de déposer son nom auprès de l'autel, afin qu'on puisse facilement le lire et en faire mémoire au saint sacrifice.

» La passion de Notre-Seigneur est encore un des sujets qui parlent le plus à leur piété. Chaque année, ils en célèbrent la mémoire par une touchante cérémonie, qui représente en action les principales circonstances du crucifiement. Telle est alors la ferveur de nos néophytes que, depuis le mardi de la semaine sainte jusqu'au dimanche, les prières et les chants religieux se succèdent nuit et jour, et pour ainsi dire sans interruption. A la fin, on détache de la croix un christ de grandeur naturelle, qu'on porte au milieu des larmes et des lamentations de la multitude, dans un tombeau près duquel chacun veille et prie, jusqu'au dimanche matin. Dès la pointe du jour, c'est-à-dire à l'heure de la résurrection, le christ, entouré d'une espèce de gloire, est placé en triomphe sur un autel élevé. Peut-être sourira-t-on de la piété naïve des Indiens, au souvenir du grand acte d'amour qui nous trouve d'ordinaire si froids, si insensibles envers un Dieu qui a donné sa vie pour nous ; quant à moi, je suis heureux de m'associer au témoignage de reconnaissance que ces braves gens décernent au Sauveur; et plût à Dieu que, comme la plupart d'entre eux, je fusse pénétré de la plus tendre compassion pour les douleurs qu'il ressentit, alors que cette scène n'était pas une pure représentation, mais la réalité dans toute son horreur !

» Un de nos missionnaires a écrit que la dévotion indienne aime beaucoup à faire du tapage, à sonner les cloches et à porter les enfants dans l'église pour augmenter le bruit : ici, nous avons plus d'ordre et de tenue. Deux ou trois fidèles lisent ou récitent les prières à haute voix; les autres écoutent en silence, excepté lorsque, à certains intervalles et au moment convenable, toutes les bouches s'unissent pour former un concert de louanges ou pousser le cri du pardon. J'avoue que lorsque j'entends cette voix solennelle de la prière, où tout exprime les sentiments d'une foi profonde, et qu'en même temps je vois nos Indiens le front courbé dans la poussière, en présence de la Majesté divine, mon âme est profondément émue, je ne puis que mêler ma voix aux accents qui implorent la miséricorde du Seigneur. Ces exercices pieux, devant l'autel du Dieu vivant, se prolongent ainsi des heures entières. Tous les jours, chaque petit village, chaque caste s'assemble, soir et matin, dans sa chapelle particulière, pour offrir un tribut d'hommages et de prières à Celui qui ne cesse de veiller à notre conservation. Plût à Dieu que ce peuple fût aussi fidèle à ses autres devoirs! mais y a-t-il ici-bas quelque chose de parfait?

» Je termine cette lettre en vous recommandant de nouveau et le troupeau et le pasteur. Vous savez combien votre souvenir m'est précieux ; j'espère que de votre côté, riches ou pauvres, vous ne m'oubliez pas devant notre Dieu et commun Père. Demandez pour moi qu'il ne me rejette jamais de son cœur sacré, et qu'à la vie comme à la mort rien ne me sépare de lui, bien que je sois le plus indigne de ses enfants. »

XIV.

LA CASTE DES SANARS DANS LE MADURÉ.

Lettre du P. Bertrand, missionnaire de la Compagnie de Jésus, à un P. de la même société.

Pallam-Cottah, le 16 décembre 1839.

« ..... Entre toutes les castes du pays, celle qui nous donne le plus de consolations est celle des Sanars, gens extrêmement pauvres, et sans autres ressources que les palmiers qu'ils cultivent. Voici sur les travaux de ces modestes Indiens des détails que vous lirez peut-être avec quelque plaisir.

» Il faut attendre quinze ou vingt ans avant que le palmier donne ses fruits, et puis on les recueille pendant des siècles. Les premières années, la naissance de cet arbre ne se révèle que par des palmes, suivies bientôt d'une tige délicate que des feuilles protègent jusqu'à ce qu'elle soit assez forte pour se défendre elle-même. Il se forme alors au sommet de l'arbuste une espèce de tête, comme le chapiteau d'une colonne que surmonterait une quinzaine de palmes. Son fruit ressemble à une longue grappe de cinquante à soixante baies, dont chacune, de la grosseur des deux poings, renferme trois amandes placées en forme triangulaire dans une pulpe qui ne peut se manger. Ces amandes contiennent une espèce de gelée blanche et transparente qui, se solidifiant comme la noix à mesure que le fruit tend à sa maturité, devient un aliment de passable saveur. Si au lieu de laisser les bourgeons se développer et les fleurs s'épanouir, on coupe l'extrémité du pédoncule ou tige destinée à porter la grappe, il en découle une liqueur semblable aux larmes de la vigne. Le Sanar la recueille avec soin; car elle est le produit principal du palmier. Cette récolte commence ici vers la mi-janvier et dure six mois. Avril et mai sont le temps d'abondance et de peine, parce qu'alors un plus grand nombre d'arbres entrent en sève, et qu'il faut monter trois fois par jour à leur sommet pour en exprimer le suc précieux. Grimper de la sorte à quarante ou soixante pieds sur une vingtaine d'arbres, n'est qu'un jeu pour les Sanars exercés dès l'enfance à ce genre de vie. La difficulté est, lorsqu'ils sont parvenus à cette élévation, de s'établir sur les longues palmes pliantes qui couronnent la cime du palmier, afin de rafraîchir l'incision et de donner ainsi à la sève une activité nouvelle. Aussi n'est-il pas rare que ces malheureux fassent la culbute et se cassent bras et jambes. Pendant que les hommes se livrent à ce périlleux exercice, les femmes viennent chercher le suc recueilli pour lui faire subir différentes préparations, et les enfants ramassent le bois nécessaire à l'entretien des fourneaux.

» Je voudrais être peintre pour vous envoyer le portrait d'un de ces bons Sanars, ou cultivateurs de palmiers. Voici du moins leurs principaux traits : taille moyenne, visage rond, air de simplicité et de bonhomie, cheveux noirs, lisses et ramassés derrière la tête, barbe tardive, dents d'ivoire, oreilles pendantes jusque sur les épaules, avec des boucles d'or d'un pouce et plus de diamètre. Dans chaque village, n'y eût-il que trois ou quatre maisons de cette caste, on trouve toujours un chef qui porte le nom de *Cradeu*, ou *Mou-Kandea;* c'est la forte tête du lieu; lui seul traite les affaires avec les employés du gouvernement, convient de l'impôt, vide les différends, etc. Rien ne se fait sans l'aveu de ce petit despote. Les autres, vrais moutons, en passent par où il veut. Ils craignent fort de se brouiller avec lui; car alors chicanes, injustices, vexations de tout genre pleuvraient sur le Sanar en disgrâce. La chrétienté de cette caste qui m'avoisine, compte environ vingt-cinq de ces *Mou-Kandeas;* chacun d'eux a son petit parti, son petit point d'honneur à soutenir; de là un germe de divisions qui rend les disputes fréquentes et parfois si vives que la voix du Père lui-même n'est pas toujours écoutée. Ce scandale est surtout à craindre, s'il se trouve parmi les contendants certains personnages qui, sachant un peu lire, ont laissé la culture trop pénible du palmier, pour faire les médecins, ou vivre de procès. Le reste de la caste a quelque chose de la simplicité et des mœurs des patriarches. Tous les ans, lorsque le travail des palmiers finit dans nos cantons, une partie de ces bonnes gens émigre pour aller s'établir dans le Travancor, où la saison est plus tardive. Leur mobilier n'est pas difficile à transporter; le mari se charge du petit attirail qui lui sert à monter sur les arbres; la femme emporte son rouet pour filer du coton, et c'est tout. Arrivés sur les lieux qu'ils ont choisis pour seconde patrie, ils forment une cabane de palmes, s'y installent avec leur modeste bagage, et se mettent à l'ouvrage comme d'anciens habitants du pays.

» Mais la plupart craignent de s'éloigner de leurs arbres, auxquels ils s'affectionnent comme le pasteur à ses brebis. Nés aux pieds de leurs palmiers, les Sanars ne connaissent qu'eux, et sont presqu'étrangers aux choses de ce monde, à ses jouissances comme à ses peines, à ses besoins comme à ses vices. Vraiment on dirait qu'ils n'ont pas mangé avec Adam du fruit de l'arbre de la science du bien et du mal, et qu'ils ont été créés aux jours de l'innocence originelle. On trouve une foule de ces Indiens qui, interrogés s'ils ont commis certaines fautes, répondent : *Autrefois, oui; il y a tant d'années, je le dis au Père qui me défendit de le faire, et depuis je ne l'ai plus fait.* Oh ! combien de fois, en évangélisant ces pauvres et heureux chrétiens, je me suis rappelé ces paroles de Jésus-Christ : *C'est à ceux qui ressemblent à de petits enfants qu'appartient le royaume des cieux..... Heureux les pau-*

vres !..... et bienheureux aussi leurs missionnaires ! Nous comptons dans la partie du sud plus de sept mille fidèles de cette caste. Il en reste encore un grand nombre dans les ténèbres de la gentilité. Leur conversion sera facile dès que nous pourrons nous occuper d'eux.

» Encore un mot sur les Sanars. Je voudrais pouvoir rendre tout ce qu'il y a de bizarre et de touchant dans les scènes dont nous sommes continuellement témoins, quand nous faisons notre entrée dans un village. Figurez-vous le missionnaire dans son costume indien, avec sa longue barbe flottant au gré du vent, aussi bien que son voile et son long habit jaune ou blanc, selon le degré de solennité de la fête. Il est affublé d'une sorte de casque, ou cylindre rouge, qui lui donnerait une tournure guerrière, s'il ne suffisait de le regarder pour être entièrement à l'abri de l'illusion. Devant, derrière et autour du Père, c'est une foule d'Indiens de tout rang et de tout âge, courant, sautant, la face tournée vers le prêtre, et par suite heurtant contre les buissons et les arbres, ou se culbutant et roulant les uns sur les autres. De distance en distance, des groupes nombreux de femmes prosternées la face contre terre demandent la bénédiction ; des pères, leurs petits enfants sur l'épaule, les présentent au missionnaire avec prière de tracer le signe de la croix sur ces fronts innocents. Ajoutez à tout cela la musique, et quelle musique ! De temps en temps des roulements de tambours interrompent la mélodie ; alors on n'entend plus que la voix des enfants qui récitent en chantant leurs prières et le catéchisme. Il faudrait, pour que le tableau fût complet, peindre le flux et le reflux des masses, les mouvements, les attitudes des individus, l'expression toujours si variée et si naïve de la joie. Comment mettre sous les yeux de celui qui ne peut les voir, ces figures épanouies, rayonnantes de satisfaction, de bonheur et d'une sorte d'orgueil de posséder leur père !... Aux larmes d'attendrissement qui alors coulent de nos yeux, à un je ne sais quoi qui fait battre notre cœur, nous sentons qu'en effet ce peuple est notre famille. Quel doux moment que celui-là ! qu'il fait oublier vite les peines et les travaux par lesquels on a dû l'acheter ! Dans les villes, la chose se fait plus en grand ; il y a de l'enthousiasme et de l'exagéré. Mais rien ne va au cœur comme la simplicité, le naturel et la délicieuse naïveté des campagnes..... »

XV.

LES NÉOPHYTES INDIENS

DANS LE MADURÉ.

Lettre du P. Antoine Sales, de la Compagnie de Jésus, à un Père de la même Compagnie.

Manapadou, le 25 février 1840.

« C'est vers le milieu de ce mois que je suis arrivé à Manapadou, lieu de ma résidence, peu éloigné du cap Comorin. Nous n'avons passé à Pondichéry que huit ou dix jours, dont quatre ont été employés à donner une retraite préparatoire aux solennités de Noël. Aussitôt après la fête, nous nous sommes mis en route pour Trichinopoly.

» Ce n'est point une chose amusante de voyager dans l'Inde. On ne dit pas, en partant le matin, nous arriverons ce soir à une hôtellerie. Il faut porter ses provisions, préparer et prendre son repas là où l'on s'arrête, tantôt sous un arbre, tantôt sous quelque hangar. (Les Anglais en ont fait construire, de distance en distance, pour la commodité des voyageurs). On couche sur une natte quand on a eu la précaution de s'en munir, sinon il faut se résoudre à coucher sur la dure. Heureusement la température est assez douce pendant la nuit, pour qu'on puisse le faire sans danger.

» Ce qui répandit quelque variété et quelque édification sur notre voyage, ce fut la multitude des chrétiens qui accouraient au-devant de nous. Il en venait quelquefois des groupes de vingt, trente, quarante. Tous se prosternaient la face contre terre, et demeuraient étendus tout de leur long, les deux bras en avant, jusqu'à ce qu'ils eussent reçu la bénédiction. Ils nous accompagnaient ensuite fort longtemps, et ne nous quittaient point sans demander des chapelets ou des médailles, dont chacun d'eux se faisait un ornement. A la fin, notre petit trésor étant épuisé par toutes ces distributions, je me vis réduit à un grand sacrifice. J'avais dans mon bréviaire une belle image de la sainte Vierge, doux et précieux souvenir; un nom était au bas, écrit de votre main... Eh bien! cette image si chère, il fallut m'en dessaisir. Elle sera suspendue dans l'église d'un village indien. A ses pieds, Marie recevra les hommages de toute une chrétienté. Le chef me le promit, et je la lui donnai à cette condition. Au reste, je n'en avais pas besoin pour conserver le bon souvenir qu'elle porte avec elle.

» A quelque distance de Trichinopoly, nous fûmes environnés par une grande foule de chrétiens, venus à notre rencontre avec le père Garnier leur missionnaire. Il était à cheval, et nous sur un char, que des bœufs traînaient *d'un pas tranquille et lent.* Une musique indienne, c'est-à-dire force tambours, trompettes et autres instruments de ce genre, était censée réjouir nos oreilles. Nous fîmes ainsi notre entrée triomphante dans la ville. Deux prêtres schismatiques occupent l'église principale, et comptent dans leur parti environ cinq cents personnes. Tout le reste, c'est-à-dire sept ou huit mille chrétiens, s'est déclaré pour le saint-siége et ses envoyés. Les soldats irlandais, attachés à la foi romaine dans l'Inde comme dans leur pays, n'ont pas hésité à se ranger aussi du côté des missionnaires. Jusqu'à ce moment, les catholiques n'ont eu d'autre lieu de réunion qu'une espèce de grande masure en terre; mais le père Garnier fait bâtir une église en briques, dans l'enceinte même de son jardin. Elle sera ornée d'une vingtaine de colonnes de granit, qui formeront les bas-côtés, et surmontée d'une belle coupole. C'est lui-même qui en est l'architecte. Il doit la possibilité de réaliser le plan qu'il a conçu aux secours accordés à cette mission par l'excellente œuvre de la Propagation de la Foi.

» De Trichinopoly je passai à Callédilidel, pour continuer ma route vers le midi. J'eus lieu quelquefois encore de me réjouir en voyant l'empressement avec lequel les chrétiens venaient me demander la bénédiction; mais bien plus souvent je m'affligeai de ne rencontrer que des villes et des villages dont tous les habitants étaient idolâtres. Je ne crains pas de me tromper en disant que, sur cent indigènes, à peine se trouve-t-il deux ou trois chrétiens. On voit ici des milliers de pagodes, de toute forme et de toute grandeur. Auprès de chacune est ordinairement une pièce d'eau; car le culte principal des Indiens consiste à se baigner pour se purifier de ses fautes, genre de pénitence assez commode dans un pays chaud. Les pagodes sont en général des bâtiments carrés; leurs murs sont couverts de figures grotesques de singes, de bœufs, de chevaux, d'ânes, d'oiseaux et même d'animaux purement imaginaires, comme autrefois le sphinx et tant d'autres, sortis du cerveau des poètes.

» Est-il possible, direz-vous, que les Indiens prennent tous ces monstres pour des dieux? Il me semble qu'il faut distinguer la classe ignorante de celle qui est plus éclairée. Le peuple, en effet, regarde comme Dieu tout ce qu'on lui donne pour tel; mais les gens instruits prétendent qu'au fond ils adorent seulement l'Etre suprême. Pour justifier le culte qu'ils rendent à ces grotesques idoles, ils disent que la divinité, dans laquelle ils reconnaissent une sorte de trinité, sous les noms de *Brahma*, de *Vichnou* et de *Sciva*, s'est montrée successivement aux hommes sous la forme de tous ces animaux. Dans une ville où nous nous étions arrêtés pour passer la nuit, nous entendîmes, vers les neuf heures du soir, comme le bruit d'un épouvantable charivari. C'était une musique indienne accompagnée de mille cris sauvages. En même temps nous apercevions un quartier de la ville qui paraissait tout en feu. Nous approchâmes pour voir ce que c'était. Le croiriez-vous ? Tout ce bruit, tout cet éclat n'avait pour objet qu'un bœuf qu'on portait en triomphe. Ce bœuf, étonné de sa gloire, était magnifiquement placé sur un trône environné de mille torches ardentes, et recevait ainsi l'encens et les hommages d'une immense multitude. Nous demandâmes à l'un des assistants, qui paraissait instruit, pourquoi le bœuf était si pompeusement fêté dans l'Inde. C'est, nous dit-il gravement, que *Vichnou* s'est incarné et a pris la forme de cet animal. Il ajouta qu'après le bœuf, le cheval serait mis sur le trône, et recevrait à son tour les mêmes honneurs.

» Telle est la religion des Indiens. Mais où ont-ils pris cette idée, que *Vichnou* s'est incarné et a paru successivement sous tant de formes ? Le savant auteur des *Mœurs de l'Inde*, ouvrage que j'ai lu à Trichinopoly, croit que, dans le principe, on adorait ici le seul vrai Dieu, mais qu'à la longue les Indiens, ayant voulu représenter les attributs divins sous différents symboles, le peuple a fini par regarder comme des dieux les symboles mêmes. Cette opinion me paraît assez vraisemblable. Quant à la foule des indigènes, si vous leur demandez comment ils ont appris ces innombrables incarnations de *Vichnou*, ils répondent que tout cela est écrit dans leurs livres et qu'on le croit dans toute l'Inde. Si vous voulez savoir quelle est l'autorité de ces livres, et quelles sont les raisons de cette croyance, ils vous donnent toujours la même réponse. Je me suis informé si ces peuples verraient de bon œil un missionnaire qui entreprendrait de les convertir à la vraie religion. On m'a dit qu'il serait écouté et n'aurait rien à craindre, si ce n'est de devenir un objet de raillerie, dès qu'il commettrait la moindre faute de langage. Pour prêcher avec succès au milieu d'eux, il faudrait savoir parfaitement le tamoul, les dominer par une élocution facile, avoir surtout la réputation d'un homme qui n'ignore rien. A ce propos, M. Jarrige, supérieur des missionnaires de Pondichéry, nous raconta l'anecdote suivante :

» Un jour, il disputait publiquement sur la religion avec un Brame. Son antagoniste voulait parler le tamoul qu'on appelle ici *sublime*, et qui diffère de la langue vulgaire, a peu près autant que le latin de l'italien. M. Jarrige qui savait très-peu ce *sublime*, mais qui ne devait point l'avouer, de peur d'éloigner de lui et de la vraie doctrine un peuple prévenu, répétait sans cesse au Brame que, pour être bien compris de tout le monde, il fallait employer la langue vulgaire. Celui-ci ne se rendait pas, et voulait toujours parler son *sublime;* eh bien, lui dit le missionnaire, puisque tu as la vanité de te servir d'un langage que tout le monde n'entend pas, commence par répondre à ce que je vais te demander : *Laudate Dominum omnes gentes; laudate eum omnes populi.* Réponds à cela, si tu peux. Le docteur indien ne comprit pas un mot de cette phrase latine, et demeura tout interloqué. M. Jarrige, qui l'observait, se tournant alors vers le peuple : Vous êtes témoins, dit-il, vous voyez qu'il ne peut rien répondre, et que même il ne me comprend pas, c'est un ignorant. On ne put en disconvenir, et le Brame, couvert de confusion, passa pour vaincu.

» J'avais cru, en quittant l'Europe, que ma facilité à parler portugais me serait ici d'une grande utilité ; mais il n'en est pas ainsi, le portugais n'est point en usage, à peine trouve-t-on, de loin en loin, une personne ou deux qui estropient quelques mots de la belle langue de Camoëns. Il faut donc étudier le tamoul, langue difficile s'il en fut jamais. D'abord, ce n'est pas une petite affaire que celle d'apprendre à lire. Sans compter qu'il n'y a ni ponctuation, ni lettres majuscules, le rapprochement des mots occasionne une foule de changements dans les lettres initiales et finales. Pour avoir une idée de la confusion que tout cela produit, écrivez une phrase comme si c'était un seul mot, tracez de même une demi-page, une page entière, et vous verrez s'il est facile de lire. Que sera-ce donc d'une page ainsi écrite dans une langue que l'on ne comprend pas, et dont les mots et la construction des phrases diffèrent tant de nos langues d'Europe ? Aussi nos Pères, qui sont arrivés les premiers, sont loin de bien savoir le tamoul. Le Père Du Ranquet, qui passe pour le plus habile, n'a pas encore osé prêcher un sermon. Tous se bornent à faire le catéchisme, à donner des avis, à interroger, principalement au confessionnal, sur les commandements de Dieu et sur les devoirs du chrétien. Leur zèle, s'exerçant ainsi avec peu d'éclat, ne laisse pas d'être utile à une infinité d'âmes qui, semblables au paralytique, gémissaient depuis longtemps de ne trouver personne capable de les plonger dans la piscine salutaire.

» Quand viendra le moment où je pourrai moi-même leur procurer ce bienfait ! Il y a peu de jours, je cheminais avec un Indien sur le bord de la mer. Je laissais mes yeux errer au loin sur cette vaste étendue. Par la pensée, j'arrivais jusqu'en France. M'adressant ensuite à mon Indien, je lui disais : Voilà les flots qui m'ont porté sur ton rivage. C'est au-delà de cette grande mer qu'est mon pays et la maison de mon père. Là se trouvent des hommes blancs comme moi. Ils entendent mon langage et je comprends le leur. Je leur suis uni par mille liens de famille, de religion, de patrie, d'amitié. Voilà ce que j'ai quitté pour toi. Vois-tu ce navire qui vogue à pleines voiles, et disparait presque à l'horizon ? Il s'avance vers les beaux lieux qui m'ont vu naître. Mon amour pour toi me retient sur ces bords étrangers. Si je t'apprends à connaître le vrai Dieu, à l'aimer et à le servir, ce Dieu me dédommagera de tant de sacrifices ; lui seul peut être ma récompense !.... C'est ainsi que je parlais du pays de mon enfance, et de tant de personnes dont le souvenir ne s'effacera jamais de ma mémoire. De temps en temps mon Indien, d'un air embarrassé, me répondait : *Tariadon, je ne te comprends pas.* Puis, c'était lui qui m'adressait la parole, et je me voyais bientôt dans la triste nécessité de répondre à mon tour : *Tariadon.* Que je m'estimerai heureux quand il me sera donné de rompre le pain de la parole sainte à tant d'âmes qui en sont avides, et qui meurent de faim ! Le moment viendra. Je compte sur la bonté de Celui qui m'appelle, tout faible instrument que je suis, à continuer la mission d'un Xavier, dans une terre encore pleine de son souvenir. »

Extrait d'une lettre du P. Antoine Sales, missionnaire de la Compagnie de Jésus, à un de ses frères de France.

Viram-Patanam, le 18 janvier 1841.

« ... De toutes les conversions qui s'opèrent sous nos yeux, aucune n'est le résultat de nos discussions, et jamais missionnaire n'a eu moins que nous sujet de se glorifier du bien qu'il fait auprès des idolâtres. S'il faut, par exemple, leur prouver l'unité de Dieu, nous n'avons pas besoin des raisonnements de saint Thomas : *Combien de maîtres y a-t-il dans une maison?* disons-nous. — *Un seul.* — *Et tu veux que dans ce monde il y ait plusieurs dieux !* Voilà le genre d'arguments qu'il nous faut.

» Quoique parmi nos Indiens il s'en trouve qui ne sont pas dépourvus de finesse, de droiture d'esprit et de force d'âme, on peut dire néanmoins que ces qualités n'entrent pas dans le caractère général de la nation. C'est un peuple qui, tout ancien qu'il se vante d'être, ne semble pas encore sorti de l'enfance de la civilisation. Il est simple, docile à l'excès, peu susceptible d'impressions douces et délicates, mais, en revanche, tout ce qui est de nature à remuer vivement les sens, à y produire de fortes secousses, est tout-à-fait de son goût. Un de nos Pères disait dans une de ses lettres que les paysans d'Europe sont des contemplatifs en comparaison des Indiens. L'expression et le terme de comparaison me paraissent fort justes; car, en Europe, un paysan, quelque grossier qu'il soit, ne pense pas qu'il faille beaucoup crier pour offrir à Dieu une prière agréable. S'il sait lire, il parcourt tout bas son livre, sinon il récite sans bruit son chapelet ou quelque pieuse formule; il sait que Dieu l'entend. Mais nos Indiens semblent, du moins dans la pratique, être loin de le croire. Quand ils prient, c'est tout haut et comme en chantant. Quelquefois chacun chante de son côté, le plus souvent ils chantent tous ensemble. Quand ils arrivent à certaines paroles, qui sans doute leur paraissent plus affectueuses, ils agitent à la fois toutes les cloches et clochettes. Si, par aventure, ceux qui sont chargés de les sonner s'oublient ou sont distraits, on entend crier de tous côtés : *La cloche, la cloche! sonnez la cloche!* C'en est fait de la prière, si la cloche ne sonne pas. De sorte que, dans un manuel d'église à l'usage des Indiens, on pourrait écrire en plusieurs endroits, sous forme de rubrique : *Ici les instruments jouent et les cloches sonnent*. Outre les tambours et les cymbales, ils ont ordinairement dans le temple un grand nombre de clochettes de deux, trois ou quatre livres chacune. Les meilleures sont celles dont le son est le plus perçant. Joignez-y, du moins quand leurs moyens le leur permettent, une grosse cloche qu'ils placent, non pas en dehors comme en Europe, le son se perdrait dans les airs sans venir chatouiller l'oreille, mais dans l'église même. Or, tout cela doit s'agiter à la fois durant la prière. Les jours ordinaires, la musique est moins compliquée : un Indien donne le signal de la messe avec une plaque de métal, qui a presque la forme d'une assiette. Cette plaque est percée d'un petit trou, par où passe une corde qui sert à la tenir suspendue d'une main, tandis que de l'autre on frappe dessus avec un maillet. Si l'on ne voyait pas cet instrument, on croirait entendre une cloche de quatre cents livres.

» Ailleurs on n'aime pas à voir dans l'église les mères avec des enfants entre les bras, parce que ces innocentes créatures troubleraient l'office par leurs vagissements et leurs pleurs. Voyez combien les idées sont différentes au Maduré. Ici, une femme n'oserait aller à la messe sans être environnée ou chargée de sa jeune famille ; si elle en est privée, elle empruntera plutôt un enfant à sa voisine plus heureuse. Je vous laisse à penser la musique qu'ils font à eux seuls. Ajoutez à leurs cris le son des cloches et des instruments dont j'ai parlé plus haut, et vous aurez une idée de ce que nous entendons les dimanches et les fêtes. Une oreille européenne, pour peu qu'elle soit délicate, n'y tient pas, mais c'est tout-à-fait du goût des Indiens, c'est parfait. La prière accompagnée de ce vacarme, ne peut, disent-ils, manquer d'être agréable au Seigneur, qu'ils supposent, comme eux, grand amateur du bruit. Au fond, ne serait-il pas facile de démêler un sentiment vrai et une pensée bien touchante cachés sous cette dévotion grossière ? Peut-être comprennent-ils que ces voix innocentes d'un âge encore étranger à toutes les corruptions de la terre, disposent le cœur de Dieu à écouter plus favorablement les vœux de leurs pères coupables.

» .... On s'étonne quelquefois qu'une poignée d'Européens puisse tenir ici sous le joug des millions d'individus. Il est facile de trouver la solution de ce problème dans ce que je viens de dire. L'on verra plutôt un troupeau de moutons se révolter contre le berger, que les Indiens contre leurs maîtres. Ils sont si accoutumés à porter, depuis un temps presque immémorial, le joug des autres peuples, que cela leur paraît tout naturel. Il ne leur semble nullement étrange que des hommes, nés à quatre ou cinq mille lieues de leur pays, viennent leur demander obéissance et tribut.

» Je dois ajouter un nouveau trait au caractère de ce peuple, c'est qu'il est très-enclin à la superstition. Je n'aurais, pour justifier ce reproche, qu'à mettre sous vos yeux le tableau hideux des objets de son culte, mais je ne crois pas nécessaire d'entrer dans le détail. Il me suffira de faire remarquer que vous n'avez rien lu de si ridicule et de si absurde dans la mythologie des anciens, qui ne se retrouve dans les pratiques et les fables inventées par les brahmes pour satisfaire le penchant aveugle qui entraîne les Indiens vers la plus grossière idolâtrie. Ce n'est pas assez de cette multitude de pagodes répandues partout; grand nombre d'entre eux élèvent encore vis-à-vis de leurs maisons un monceau de boue en forme de cône, de trois à six pieds de hauteur; ils s'efforcent d'y faire entrer le démon, par je ne sais quelles cérémonies, et lui offrent ensuite leurs hommages religieux. Quelquefois ils décorent cette boue sèche de guirlandes de fleurs ou l'arrosent d'huile en forme de libation. Malheur à vous si, d'un coup de pied, vous renversez ce ridicule autel! Ils vous traduiront devant les tribunaux, et les juges ne manqueront pas de vous condamner comme ayant violé sacrilégement un objet du culte indien.

» Les pagodes et les tertres sacrés dont je viens de faire mention, quoique multipliés à l'infini, ne suffisent pas encore à la superstition du peuple. Il faut qu'il ait sans cesse sous les yeux et sur lui-même quelque objet de son culte, quelques signes de sa dévotion insensée. Mais quel est ce talisman vénéré sans lequel un païen n'oserait sortir de sa maison? Je vous le donnerais en cent, que vous n'en approcheriez pas. C'est, passez-moi l'expression, c'est la fiente de vache. Oui, tous les jours, la première chose que fait un idolâtre à son réveil, est de s'en frotter le visage, la poitrine et les bras. Ainsi parfumé, il se tourne vers l'Orient et adore le soleil. Il va ensuite se pavaner partout, marqué au front de cette empreinte révérée, et se montre aussi fier de ce singulier ornement, que le serait un petit-maître d'étaler sa brillante parure. Voilà où en est encore l'immense majorité de la nation indienne. Ma plume se refuse à reproduire d'autres détails bien plus humiliants pour notre pauvre humanité.

» Les païens ont aussi des jours fastes et des jours

néfastes. Ainsi on ne peut, sans courir un grand danger, ou du moins sans vouloir échouer dans toutes ses entreprises, aller au nord les lundis et les samedis, à l'ouest les mardis et les mercredis, au sud les jeudis, à l'est les vendredis et les dimanches. Ils sont dans l'usage, et c'est pour eux une nécessité, de se frotter d'huile au moins une fois par semaine, mais il faut se garder de le faire indistinctement quelque jour que ce soit; l'imprudent qui se le permettrait un mardi ou un vendredi, s'exposerait à avoir la fièvre ou quelque autre grave maladie; pour les jeudis ou les dimanches, on courrait grand risque de perdre l'esprit et la beauté. »

Extrait d'une lettre du père Joseph Bertrand, supérieur de la mission du Maduré, à un P. de la Compagnie de Jésus.

Trichinopoly, le 20 août 1841.

« Bien que le portrait de nos Indiens ait été plus d'une fois esquissé, l'intérêt que vous portez à leur instruction, le désir que vous manifestez de connaître leur caractère et le genre de dévotion qu'ils affectionnent, me font un devoir de revenir sur ce sujet. Si les traits que je vous signale n'ont pas le mérite de la nouveauté, on pardonnera, je pense, ces redites à un père qui parle de ses enfants.

» Vous qui savez combien sont nombreuses les occupations des missionnaires au Maduré, vous serez peut-être tenté de demander comment ils peuvent y suffire, surtout si vous ajoutez aux fatigues de l'apostolat les tracasseries continuelles que nous suscite le schisme. Heureusement que nos chrétiens ne sont pas très-exigeants; leur patience allège un peu le poids de notre ministère; ainsi, ils ne craignent pas de venir trouver le prêtre à six lieues et plus, afin de recevoir les secours spirituels. Pour la messe du dimanche, tous les fidèles doivent y assister quand la distance n'excède pas cinq milles; ils y accourent même en assez grand nombre de quatre et cinq lieues. Lorsqu'on célèbre des fêtes avec solennité et processions, ils arrivent en foule de vingt, trente et quarante milles de distance.

» Les voyages dans ces occasions ne leur coûtent rien; les enfants à la mamelle sont portés sur le sein de la mère, ou dans une toile dont les quatre coins noués ensemble sont traversés par un long bâton; et, quand on fait halte, la toile se suspend à une branche de l'arbre voisin. Les enfants de trois, quatre, cinq et six ans trottent à côté de la mère, s'accrochant à sa robe, ou bien ils se reposent à cheval sur l'épaule du père, en se tenant au petit toupet de cheveux qui se dresse au sommet de la tête; tandis que leurs aînés portent le riz et le bagage de cuisine nécessaire. Tout cela forme une petite caravane vraiment intéressante.

» Les malades eux-mêmes sont souvent apportés à des distances considérables, pour recevoir l'extrême-onction. Je me rappelle en ce moment un pauvre infirme qui fut ainsi amené d'assez loin pour se réconcilier; j'entendis sa confession; mais obligé de partir aussitôt, je ne pus lui donner le saint viatique qu'il désirait avec ardeur. Quelques jours après, me trouvant à plus de trois lieues de là, je le vis arriver sur un brancard; il entendit la messe et reçut la sainte communion avec une piété bien touchante, et il s'en retourna en disant que désormais il n'avait plus rien à désirer et qu'il mourrait content. Au reste, c'est surtout à ce dernier moment qu'on voit se réaliser dans nos Indiens l'oracle du Sauveur : *Bienheureux les pauvres d'esprit*. Ils sont sans regret, parce qu'ils ont peu à quitter, et qu'ils se familiarisent aisément avec les idées et l'attente d'une autre vie. Aussi n'a-t-on pas besoin d'user de longs détours pour leur annoncer qu'ils vont paraître devant Dieu. J'administrais, un de ces derniers jours, une pauvre femme ; le catéchiste qui m'accompagnait lui dit, selon sa formule ordinaire : « A présent, il faut vous tenir toute prête à mourir. — Oh oui ! répondit-elle. — Renoncez-vous volontiers à cette vie, à tous désirs des choses de ce monde ? — Eh, qu'est ce monde pour moi ? qu'ai-je à faire de ses désirs ? »

» Je n'entrerai pas dans le détail des prières qui accompagnent nos exercices religieux ; elles sont toutes adaptées au génie du pays, et rappellent avec un soin particulier les principales vérités de la foi. Dialoguées pour la plupart elles captivent mieux l'attention de nos Indiens; peut-être ne feraient-elles pas moins bon effet ailleurs. Une seule citation vous mettra à même d'en juger. Le prêtre ou le catéchiste : « Seigneur, mon Dieu, vous m'avez tiré du néant. » Le peuple répond : « Seigneur, à vous gloire et louanges. » Celui qui préside continue : « A cause du péché, j'étais enfant de colère ;

je ne pouvais satisfaire par moi-même à votre justice; vous vous êtes fait homme, et par vos souffrances vous avez satisfait à ma place.— Seigneur, à vous gloire et louanges. — Par le baptême vous m'avez communiqué tous vos mérites.— Seigneur, à vous gloire et louanges. — Après le baptême j'ai péché, et par le moyen du sacrement de pénitence vous m'avez purifié de toutes mes souillures; au lieu de me précipiter en enfer, vous m'avez remis sur le chemin du ciel. — Seigneur, à vous gloire et louanges. — Aujourd'hui même, vous m'avez comblé de vos bienfaits. — Seigneur, à vous gloire et louanges. — Accordez-moi la grâce de connaître mes fautes et de les détester.... » Suit l'examen de conscience.

» Outre ces exercices religieux, communs à tous nos chrétiens, il y a ici comme ailleurs des pratiques particulières qui, pour être laissées à la dévotion de chaque fidèle, n'en sont pas moins généralement observées. Un très-grand nombre de catholiques jeûnent le samedi, c'est-à-dire ne font qu'un seul repas vers le coucher du soleil. Combien de fois, dans mes courses, n'ai-je pas entendu mon compagnon de voyage répondre à ceux qui lui demandaient s'il avait mangé ce jour-là : « Eh! ne savez-vous pas que c'est aujourd'hui samedi ? » Et cependant le pauvre Indien m'avait suivi toute la matinée, portant sur sa tête un gros paquet; il s'était épuisé de fatigue pour faciliter le succès de mon ministère! Il est beaucoup de contrées où cette pratique est à peu près universelle, même parmi les laboureurs; plusieurs d'entre eux, surtout quand ils sont à leur aise, préfèrent ne travailler que la moitié du jour, afin de pouvoir différer jusqu'au soir leur unique repas.

» Cet esprit de mortification me fournit souvent l'occasion de m'édifier au saint tribunal; ainsi, m'arrive-t-il d'imposer pour pénitence quelque jeûne du samedi? « Mon Père, répondent une foule de néophytes, je jeûne tous les samedis. — Cela suffit » est ma décision; mais rarement on s'en contente. Si j'indique le mercredi ou le vendredi, je trouve assez souvent le second poste déjà pris par un autre jeûne de dévotion. Dernièrement, je venais de prescrire une bonne œuvre semblable; ma pénitente parut fort embarrassée. « Qu'y a-t-il? — Mon Père, depuis trois ans je ne mange qu'une fois par jour; comment ferai-je pour accomplir le jeûne que vous m'imposez? » Je le répète, ces exemples ne sont pas rares parmi nos chrétiens. Vous prierez pour eux, mon révérend Père, et pour celui qui a l'honneur d'être, etc. »

XVI.

MISSION DES ILES NICOBAR.

« L'archipel de *Nicobar*, situé dans le golfe du Bengale, se compose de sept îles et de douze îlots, disposés en trois petits groupes. Les îles principales sont *Grand-Nicobar*, *Petit-Nicobar*, *Katchoul*, *Kamorta*, *Nancowry*, *Teressa*, *Chowry*, *Batty - Malve* et

Tillantchong. Elles sont pour la plupart montagneuses et couvertes d'épaisses forêts. Leurs habitants, de couleur cuivrée, d'un caractère doux et paisible, sont au nombre d'environ dix mille; aussi ignorants en agriculture que dépourvus d'industrie, ils mènent la vie la plus misérable. Les villages sont composés d'une douzaine de huttes. Chacun d'eux est commandé par un chef qui dirige le commerce avec les étrangers.

» Malgré sa fertilité, l'archipel de Nicobar semble délaissé par les Européens, à cause des maladies qu'engendre la corruption de l'air. Les Danois y formèrent, en 1756, un petit établissement; mais l'insalubrité du climat leur fut si fatale, qu'en moins de quinze ans la plupart des colons ayant péri, ils abandonnèrent ce poste. Les Français et les Autrichiens s'en sont également retirés, après des tentatives aussi infructueuses. Cependant, en 1832, le gouvernement danois de Tranquebar a envoyé un détachement de cipayes, pour prendre possession de l'île de *Kamorta* et s'établir dans le port *Nancowry*.

» Mgr. le vicaire apostolique de la Malaisie souffrait depuis longtemps de l'abandon où il voyait cette partie intéressante de son troupeau. Déjà, en 1836, il avait donné mission à deux de ses prêtres, MM. Supriès et Galabert, d'aller prêcher l'Evangile aux Nicobariens. Ils furent assez favorablement accueillis; mais, au bout de quelques mois, les dispositions des insulaires ayant tellement changé à leur égard, que c'était un parti pris de les laisser mourir de faim. Mgr. le vicaire apostolique les rappela dans le courant de mars 1837. A leur départ de l'archipel, ils étaient dans un dénûment complet.

» Heureusement les ouvriers évangéliques ne sont pas de ceux qui se lassent à défricher une terre ingrate. Deux nouveaux apôtres, les plus jeunes de la mission malaise, s'embarquaient naguère à Pinang, pour aller, au péril de leur vie, annoncer la bonne nouvelle aux habitants de Nicobar. L'un d'eux, M. Beaury, y a déjà trouvé la mort; son confrère, atteint de la même maladie, après lui avoir rendu les derniers devoirs, a élevé une chapelle auprès de son tombeau.

» Dans les lettres suivantes, M. Chopart, aujourd'hui rendu à la santé, retrace ses longues épreuves et laisse entrevoir quelque espérance. »

Extrait d'une lettre de MM. Chopart et Beaury, prêtres de la congrégation des missions étrangères, à Mgr. Courvezy, vicaire apostolique de la Malaisie.

Teressa, le 14 février 1842.

« Vos deux jeunes missionnaires sont au milieu de leurs îles, et ce qu'ils ont le plus à cœur, dès leur arrivée, c'est de vous donner tous les détails qui peuvent intéresser votre Grandeur à ce nouvel établissement. Aujourd'hui encore, comme à notre départ de Pinang, nous pouvons vous dire que nous sommes heureux; malgré certaines difficultés, inséparables d'un ministère comme le nôtre, surtout à son début, nous n'avons que des actions de grâces à rendre au Seigneur.

» La traversée s'est faite avec assez de promptitude. En huit jours, nous sommes arrivés en vue de l'archipel. Notre dessein était d'aller directement à Carnicobar; mais le vent, qui était contraire, nous ayant emportés vers une autre île, celle de Teressa, le pilote nous dit que les sauvages étaient aussi bons là qu'ailleurs, et qu'après tout, si nous n'en recevions pas un accueil satisfaisant, nous pourrions pousser plus loin. Ainsi donc, le jeudi 3 février, après avoir reçu à bord la visite de trois insulaires, qui vinrent à nous, montés sur de petites pirogues faites avec des troncs d'arbres, nous descendîmes à terre et nous acheminâmes, par un sable brûlant, vers le plus proche *Campon*. Ce village, situé à une demi-heure de la côte, ne compte qu'une dizaine de cabanes. Vous dire l'étonnement des sauvages à notre vue, l'étrange expression de leur physionomie, la bizarrerie de leur costume, la forme de leurs habitations, l'indiscrétion enfantine de leur curiosité, et l'importunité de leurs désirs, poussée au point de nous demander nos chapeaux, nos parasols et jusqu'à nos habits, serait un tableau trop difficile, dont j'ai à peine le temps d'indiquer les principaux traits. Du reste, ces insulaires nous intéressaient vivement par leur air de bonté et de simplicité, et surtout monseigneur, parce que nous avions été envoyés parmi eux pour y faire la volonté de notre bon maître.

» Dans cette circonstance comme plus tard, Joachim, notre pilote et notre ami, nous fut d'un grand secours. Que de peines ne s'est-il pas données pour nous concilier l'affection des sauvages! Avec quelle emphase de geste et de voix il leur répondait, chaque fois qu'on l'interrogeait sur nos noms, *Signor, Padre, Doctor!* comme il s'animait pour leur faire comprendre que nos intentions étaient bienveillantes, que notre séjour serait un bienfait pour l'île, et que sous notre sauve-garde ils n'auraient plus rien à craindre du diable, habitué qu'il est à fuir devant nous!

» Le lendemain, nous fîmes, sous la conduite d'un insulaire, une assez longue excursion, durant laquelle nous rencontrions à chaque pas des cocotiers. Quand la fatigue nous forçait à prendre un instant de repos sous leur ombrage, nous en profitions pour accomplir nos exercices de piété et réciter notre office; nous pensions que prier sur une terre infidèle était le meilleur moyen d'en prendre possession au nom du vrai Dieu. Nous voulûmes aussi y planter une croix que nous plaçâmes sur un arbre, tout près d'un sentier, après l'avoir façonnée de notre mieux avec le grand couteau de notre guide sauvage; puis, agenouillés devant cet instrument de salut, vos deux jeunes prêtres, monseigneur, conjurèrent le Sauveur dans toute l'effusion de leur âme de bénir cet archipel, et d'accorder aux vœux de votre grandeur le succès de notre apostolat. Marie, notre protectrice et notre mère, ne fut pas oubliée; nous nous consacrâmes de nouveau à son très-saint et immaculé Cœur, et nous la suppliâmes de jeter sur nous, sur le peuple de Nicobar, un regard de compassion.

» Enfin nous revînmes à bord pour aller mouiller, deux jours après, devant le *Campon* le plus considérable de l'île. Là encore nous reçûmes la visite d'un grand nombre de sauvages. Un d'entre eux, bon jeune homme qui parle un peu l'anglais et le portugais, parce qu'il est allé à Goa sur un navire européen, ne nous eut pas plus tôt aperçus qu'il nous adressa la parole. Nous en savions assez pour lui répondre, M. Beaury dans la première langue, et moi dans la seconde. Dès ce premier abord, il nous prit en affection et nous voua un attachement qui ne s'est jamais démenti. C'est lui qui nous emmena à terre, qui nous fit voir tout le village, qui, le premier, nous offrit dans sa cabane le rafraîchissement ordinaire du pays, c'est-à-dire de l'eau de coco. Nous le suivîmes sur le plateau d'une montagne voisine. Le site était des plus heureux; nous lui parlâmes d'y élever notre maisonnette, et il en conféra avec les notables du *Campon*, qui parurent accueillir notre demande avec joie. Alors tout allait au gré de nos désirs : on nous disait qu'on serait bien-aise de nous avoir dans l'île, bien qu'on ne comprît pas ce que nous pouvions y venir faire. Notre erreur eût été grande si nous avions trop compté sur ces premières dispositions.

» En effet, à peine étions-nous de retour sur le navire, qu'un conseil général de la peuplade fut convoqué à notre sujet; peut-être sa décision nous eût-elle encore été favorable, si un habitant d'une île voisine, qui se trouvait alors à Teressa, n'avait effrayé les sauvages en leur déclarant que, dans le cas où ils recevraient les Pères, la tribu devait s'attendre à mourir. Il paraît que cet homme, dont l'avis entraîna tous les suffrages, avait entendu parler de ce qui arriva à Carnicobar, après le départ de MM. Supriés et Galabert : une peste survint; les missionnaires passèrent pour être cause du fléau, ce qui porta les indigènes à démolir leur maison. La conclusion fut donc qu'on ne pouvait pas nous recevoir.

» La nouvelle nous en fut apportée, le lendemain, par notre jeune ami; sa tristesse, en nous l'annonçant, égalait notre embarras; car il nous aimait déjà bien, disait-il, et il avait beaucoup parlé en notre faveur. Qu'allions-nous devenir? Repoussés par les insulaires, nous ne pouvions même pas espérer de rester à bord; les Chinois de la jonque ne voulaient plus de nous, ils menaçaient de se débarrasser de nos bagages en les jetant à la mer. Ah! monseigneur, figurez-vous quelle était notre position. Nous voir à deux pas de notre île, et ne pouvoir y débarquer! Se présenter devant une autre, c'était courir à un nouveau refus; nous prévoyions qu'à *Carnicobar* l'opinion nous serait encore plus contraire. D'ailleurs le maître de la barque n'était pas d'avis d'en faire l'essai. Nous faudrait-il donc quitter ces terres, après les avoir seulement entrevues? Vraiment nous l'avons craint pendant trois jours qu'a duré cette angoisse; et nous ne pouvions rien pour l'empêcher; rien, sinon d'appeler le bon Dieu à notre secours. M. Beaury soupirait en disant : « Mon Dieu, ayez pitié de nous! » et moi je répondais : « Amen. »

» Enfin le Seigneur eut compassion de notre détresse, et il changea le cœur des insulaires. Notre bon jeune homme, qui appartient à une des premières familles du *Campon*, étant revenu nous voir, nous l'engageâmes à plaider de nouveau notre cause auprès de ses compatriotes, à leur représenter que le bon accueil qu'ils nous feraient, serait pour eux une puissante recommandation aux yeux des Européens. Le pilote ajouta qu'à notre occasion il viendrait ici beaucoup de navires, qui leur apporteraient les choses dont ils manquent, en échange de leurs noix de coco. Ces raisons firent impression sur les habitants de Teressa qui, loin de craindre, comme autrefois, la domination des étrangers, paraissent la désirer pour être mieux ; ils se décidèrent enfin à nous admettre pour quelque temps et comme à l'essai dans leur île. Aussitôt notre maisonnette en bois est embarquée, non sans beaucoup de peine. Nouveau malheur! en arrivant près de terre, le radeau est inondé par une énorme vague, qui disperse la charpente en débris.

» Le jeune insulaire, dont j'ai déjà si souvent parlé, vint encore à notre aide; il nous offrit sa maison pour nous servir de gîte. Hélas ! c'était loin d'être un palais. Il nous sembla même, au premier aspect, impossible d'y demeurer sans tomber malade, tant elle était dégoûtante, tant l'odeur qui s'en exhalait était fétide. Pour toute ouverture, elle n'avait qu'une espèce de trou pratiqué par le bas, et servant de cheminée, de porte et de fenêtre; aussi était-elle pleine de suie, et l'air ne pouvait y circuler. Force fut cependant d'accepter, avec une juste reconnaissance, les offres du sauvage, qui nous donnait ce qu'il avait de mieux. Tous les habitants du *Campon*, hommes, femmes, enfants, s'empressèrent d'y transporter nos effets; nous les en récompensâmes par une distribution de tabac, et tout le monde fut content.

» Une fois installés dans notre tanière, il fallut nous prêter à la curiosité de ce peuple ébahi; sans cesse la cabane était remplie de gens qui voulaient toucher tout ce qu'ils voyaient, savoir le nom et l'usage de chaque chose. Cependant la nuit était venue, et les visites étaient toujours aussi nombreuses, et les questions ne tarissaient pas ; c'était une conspiration générale contre notre somme. Alors je voulus en finir. Un insulaire m'ayant dit à son tour : « Qu'est-ce que ceci ? » en désignant ma lampe; je lui répondis par ces mots : « Va te coucher. » Le bonhomme crut savoir le nom de ma lampe, et il ne manqua pas de le répéter à ses amis.

» Je ne sais si l'on faisait des réjouissances à notre occasion; mais ce qui est sûr, c'est que durant la nuit entière nous avons essuyé les chants les plus étranges qu'il soit possible d'imaginer; ils accompagnaient une ronde burlesque, exécutée autour d'un grand feu par des hommes qui se donnaient le bras, marchant en cadence, et criant comme ils savaient. Tout cela se passait avant-hier, 12 février, jour de notre installation dans l'île.

» Nous ne saurions assez vous dire, monseigneur, tout ce que nous avons déjà remarqué d'heureuses dispositions dans quelques insulaires; deux familles surtout, et des plus considérables du *Campon*, nous témoignent le plus vif intérêt; elles ont dès ce matin tué et fait rôtir un porc pour nous; des poules nous ont été offertes; on nous a apporté des cocos, des œufs et des fruits; et cela du meilleur cœur et avec toute la grâce possible. Quant au jeune homme qui nous est si dévoué, il promet de pourvoir à tous nos besoins; sa seule crainte est que nous changions de résidence; il mourrait de chagrin, nous assure-t-il, s'il nous arrivait quelque malheur. Avec ce qu'il sait d'anglais et de portugais, il nous sera d'un grand secours pour apprendre sa propre langue; et nous, en reconnaissance de ses services, nous tâcherons de le gagner un des premiers à Jésus-Christ.

» Ce début nous encourage, mais sans nous faire oublier que Dieu seul est notre espérance. Heureux aujourd'hui au milieu de ces bonnes gens, que déjà nos cœurs affectionnent, nous serons bientôt, peut-être, chassés par eux et abandonnés à la misère; car il faut si peu de chose pour les faire changer de sentiment! Que la volonté du Seigneur s'accomplisse!... »

Autre lettre de M. Chopart au même prélat.

Ile Teressa, le 1 août 1842.

« Je profite des premiers moments que me laisse une fièvre opiniâtre, pour vous donner quelques détails sur mon séjour aux îles Nicobar, et vous témoigner ma vive reconnaissance de l'intérêt que votre grandeur daigne porter à son pauvre missionnaire. Mes peines auront perdu presque toute leur amertume quand je les aurai versées dans votre cœur paternel, quand je vous aurai dit, s'il est possible, toutes les épreuves par lesquelles il a plu à la divine Providence de me faire passer, et la protection spéciale dont elle m'a entouré dans ces pénibles circonstances.

» Tout alla bien pendant les trois premières semaines de notre résidence à Téressa ; nous jouissions de notre bonheur, bercés par les plus douces espérances ; mais un mois n'était pas encore écoulé, que M. Beaury et moi nous tombâmes malades le même jour. Ce ne furent d'abord que des maux de tête, accompagnés d'une grande faiblesse ; à leur suite se déclara la fièvre, avec toutes les douleurs qu'elle entraîne, les sueurs, les frissons et l'ardeur d'une soif brûlante. Ces alarmants symptômes réduisirent M. Beaury à un état d'autant plus triste, que privé de tout remède, n'ayant aucun secours à attendre de nos pauvres sauvages, il ne pouvait pas même compter sur moi qui souffrais presque autant que lui, et me trouvais dans le même dénûment. Votre grandeur ne saurait que difficilement se figurer avec quel cortége de misères nous avons traversé le mois de mars. Nous entrions alors dans les saints jours qui nous rappelaient la Passion de notre aimable Sauveur ; le souvenir de sa croix rendait la nôtre plus légère ; nous unissions volontiers notre sacrifice à celui qu'il avait consommé pour notre amour.

» Plus éprouvé que moi par la douleur, M. Beaury a aussi été mieux récompensé. Le ciel lui a été ouvert, et la terre d'exil m'a été laissée en partage. A lui de jouir du bonheur ; à moi de soupirer encore après ma délivrance. Sans doute qu'il était mieux préparé que moi à la mort.

» Pour vous faire une juste idée de son état pendant

sa longue et cruelle maladie, voyez-le dans la cabane d'un pauvre sauvage, étendu sur une simple natte, pouvant à peine respirer, et ne trouvant aucun soulagement à ses douleurs. Il a emporté dans la tombe les plaies que lui avait causées la dureté de sa couche. Eh bien ! tant qu'ont duré ses souffrances, il n'a cessé de m'édifier par l'exercice continuel des plus angéliques vertus; sa douceur, son égalité d'âme et sa patience étaient admirables, même dans les plus fortes crises; il répétait à chaque instant du jour et de la nuit : « Mon Dieu, je vous l'offre ! c'est pour vous que je souffre, ô mon Dieu ! » Tout ce qu'il prenait, ne fût-ce qu'un verre d'eau, il le sanctifiait par le signe de la croix. Moins que tout autre je dois m'étonner de sa pieuse résignation, moi qui l'ai mieux connu, qui l'entendais avant sa maladie se plaindre qu'il se recherchait trop, et se reprocher de boire du thé, parce qu'il le trouvait bon.

» Un jour qu'il se sentait bien oppressé, s'étant traîné hors de son réduit pour respirer un air plus frais, il me déclara la crainte qu'il avait d'être surpris par la mort, et il me fit sa confession générale. Je ne le croyais pas aussi près de sa fin ; je lui disais que Dieu ne voulait pas encore nous séparer; mais le mal fit en peu de temps de si grands progrès, que bientôt je dus m'empresser de lui administrer l'Extrême-Onction.

» Il vécut encore trois jours dans cet état d'agonie. L'approche de ses derniers moments sembla me rendre un peu de forces; nuit et jour j'étais auprès de mon ami, respirant avec lui l'air de la mort. Oh ! monseigneur, combien de sentiments divers se pressaient alors dans mon âme ! Toute ma consolation, après celle de prier pour lui, était de me jeter entre les bras de mon Dieu et dans le sein de Marie, ma tendre mère; c'était là que je trouvais le courage nécessaire pour me soutenir dans cette accablante épreuve. La nuit du 1 au 2 avril mit fin aux souffrances de notre bien-aimé confrère. Je lui fermai les yeux en demandant à notre commun Maître d'aller bientôt partager son bonheur.

» Le jour venu, je me hasardai, malgré ma faiblesse, à célébrer pour lui les saints mystères, et à donner à ces plages, presque ignorées du reste des humains, le spectacle attendrissant d'un pauvre prêtre, revenu des portes de la mort, qui offre le plus grand des sacrifices dans une chétive cabane, et fait descendre sur la terre le divin Jésus, pour le prier avec plus de ferveur en faveur d'un digne missionnaire, étendu à ses pieds, et n'attendant peut-être que la venue de son Sauveur et l'application de ses mérites infinis, pour s'élever au ciel et posséder son Dieu.

» Il fallut m'entendre avec les sauvages pour sa sépulture. L'heure en fut fixée au soir de ce même jour. Une petite barque me fut apportée, et servit de cercueil. Les insulaires vinrent en foule assister à la funèbre cérémonie. Revêtu des ornements sacerdotaux, je fis la levée du corps, avec les prières accoutumées. Notre cher confrère était couvert de sa soutane; ses mains, jointes sur la poitrine, tenaient son crucifix et son chapelet; dans cet état, il me rappelait saint François Xavier, mort dans une obscure cabane de *Sancian*.

» Je dois ici rendre ce témoignage aux insulaires,

qu'ils ont montré à l'égard de M. Beaury la plus vive affection, et tout l'intérêt dont ils étaient capables. Pendant sa maladie, les notables du *Campon* venaient très-souvent le visiter ; ils lui prodiguaient à l'envi tout ce qu'ils croyaient propre à soulager ses souffrances, en y joignant toujours la recommandation de ne pas cesser de manger, afin de ne pas mourir. Bien des fois cet avis étrange m'a été donné à moi-même, et je le recevais comme dicté par le bon cœur et la simplicité d'un sauvage. Quand ce triste évènement fut connu de la peuplade, les principaux chefs vinrent m'exprimer leur peine et s'associer à ma douleur ; j'en vis plusieurs verser des larmes, et l'air d'abattement empreint sur toutes les figures m'exprimait assez l'affliction générale.

» Pour moi, monseigneur, condamné à l'isolement, je me suis vu jusqu'ici dans une impuissance complète de toute espèce de travail et d'étude ; j'ai honte de moi-même quand je reporte mes regards sur un passé si vide de tout bien, sur ces longs mois perdus tout entiers à me débattre avec la fièvre ; heureux encore lorsqu'elle me laissait, par intervalle, assez de force pour me lever sur ma natte, et réciter le chapelet ou mon saint office !

» Maintenant je commence à mieux aller. Depuis le mois de juillet, époque où ont cessé les pluies, les orages et les tremblements de terre, à la suite desquels nous étions tombés malades, j'ai retrouvé un peu de force et d'appétit, j'ai même pu reprendre la célébration du saint Sacrifice, consolation dont je continue à jouir à peu près tous les jours. Enivré de cette divine faveur, que pourrais-je encore désirer dans ma solitude et mon exil ! Jésus pour père, Marie pour mère, mon bon ange pour frère et ami ; oh ! je trouve en eux tout mon bonheur, et je vois le temps s'écouler bien vite.

» D'ailleurs, j'ai en abondance de quoi satisfaire à tous mes besoins. Mes sauvages aiment à donner ; s'ils tuent un porc, ils le partagent avec toutes les familles du hameau, et dans cette distribution j'ai toujours la meilleure part aux largesses communes ; et telle est la générosité de leur âme qu'ils éprouvent, je crois, plus de joie à me prévenir de leurs dons, que moi à les accueillir ; ceux dont j'accepte les modestes présents s'estiment des plus fortunés.

» N'allez pas croire cependant que, malgré l'intérêt qu'ils me portent, ils n'aient mis plus d'une fois ma patience à l'épreuve ; un fait, cité au hasard, vous donnera l'idée des luttes que j'ai dû soutenir contre leur superstitieuse ignorance. Un samedi, 5 août, je vis arriver à ma loge une foule d'insulaires, et à leur tête plusieurs chefs du *Campon*, dont l'un portait un porc rôti, qu'il déposa à mes pieds. Je demandai pourquoi l'on me faisait cette offrande. « C'est parce que nous t'aimons, » me fut-il répondu. Mais sous ce compliment se cachait un autre motif, que je ne tardai pas à découvrir, bien qu'ils voulussent m'en faire un mystère, certains que je m'opposerais à leur projet. Ils me déclarèrent donc, après quelques explications, qu'il fallait exhumer M. Beaury pour lui donner à boire et à manger ; que son corps, exposé dans les bois, devait servir de pâture aux oiseaux ; que tel était l'usage de l'île auquel on ne pouvait déroger; et que s'il n'était pas tombé une goutte de pluie depuis six semaines, si toute la végétation était mourante, le défunt en était cause, l'infraction aux anciennes coutumes prolongeait seule une sécheresse si extraordinaire pour la saison.

» Ces raisons et mille autres de même nature excitèrent en moi une profonde pitié. Je protestai avec une sainte indignation que je ne permettrais jamais qu'on violât la sépulture de mon confrère. Mais on me répondit que l'affaire était déjà consommée. Aussitôt je courus au lieu où il reposait. Je trouvai en effet des ouvriers à l'œuvre pour déterrer le cercueil, et je leur commandai de recouvrir la fosse telle qu'elle était auparavant. « Il nous faut de la pluie, me répliqua-t-on; faites en tomber, si vous voulez qu'on laisse le mort en paix. » Les pauvres gens étaient dans la persuasion que les nuages étaient à mes ordres; deux fois déjà ils m'avaient demandé le beau temps, et le ciel était redevenu serein; cette fois ils voulaient la pluie. Je leur promis que je parlerais au grand Dieu qui dispose à son gré des nuages, et cette promesse les arrêta. Ce fut, en effet, l'objet de mes prières au saint Sacrifice. Le même jour la pluie tomba, mais peu abondante, et mes insulaires de m'en demander davantage. Le lendemain et les jours suivants ils en furent tellement inondés, que ceux d'entre les chefs qui l'avaient exigée du ton le plus impérieux, se trouvant dans une île voisine, surpris et contrariés par ce déluge inattendu, criaient en l'air : « Assez, *signor padre!* assez! arrêtez! »

» Quand ils viennent m'adresser leurs vœux ou leurs

remercîments, je réponds que ce n'est pas moi, mais le bon Dieu qui fait pleuvoir; et prenant de là occasion de les instruire, je leur parle de ce qui les touche de si près, des intérêts de leurs âmes. Malheureusement, j'ai bien de la peine à me faire comprendre; l'esprit de ce peuple grossier s'élève difficilement aux choses spirituelles, et sa langue est si imparfaite qu'elle manque même de termes pour les exprimer. L'existence d'un seul Dieu, créateur du ciel et de la terre, est la seule notion religieuse que j'aie pu encore inculquer à un petit nombre de sauvages.

» Je termine là ma longue lettre, me réservant de la reprendre lorsqu'il se présentera une occasion de vous l'envoyer... »

XVII.

HISTOIRE ÉDIFIANTE

D'UN JEUNE NÉOPHYTE CORÉEN.

Fragment extrait d'une *notice sur l'état du christianisme dans la Corée*, envoyée par Mgr. l'évêque de Capse, vicaire apostolique de la Corée, à M. le rédacteur des Annales.

Macao, le 14 décembre 1832.

« ..... L'Evangile a été annoncé pour la première fois en Corée, vers la fin du seizième siècle. Lorsque Taï-Ko-Saman, empereur du Japon, porta la guerre dans cette contrée, la plupart des généraux et des soldats de son armée étaient chrétiens. Ces fervents néophytes, après avoir soumis les Coréens par leur valeur et la force de leurs armes, entreprirent de les soumettre au joug de l'Evangile par leurs instructions. La charité, la vie pure et édifiante des chefs et des soldats, firent une grande impression sur l'esprit des Coréens, et donnèrent du poids aux paroles des missionnaires ; un bon nombre se convertirent, mais la lumière de l'Evangile ne brilla qu'un moment dans ces contrées, et s'éteignit. Les féroces empereurs, Xogun-Sama et To-Xogun-Sama, qui régnèrent après Taï-Ko-Sama, firent un massacre général de leurs sujets chrétiens, qui étaient au nombre de deux millions ; il est vraisemblable que les Coréens qui professaient la même religion furent compris dans cette proscription. L'Histoire ecclésiastique a conservé le nom de quelques Coréens martyrisés pendant cette affreuse persécution, qui ruina sans ressource le christianisme dans le Japon et les provinces voisines. Les mémoires du temps parlent entr'autres d'un jeune néophyte dont l'exemple prouva, sans réplique, que Dieu ferait un miracle plutôt que d'abandonner un infidèle qui suit les lumières de sa conscience, et cherche la vérité avec un cœur droit et docile.

» Ce jeune homme était né quelque temps avant que les Japonais eussent fait la guerre à sa patrie. Dès son jeune âge, il éprouva un désir extrême de parvenir au vrai bonheur, c'est-à-dire à un bonheur qui n'eût pas de fin. Il se retira dans une solitude pour méditer plus à son aise sur cette félicité qu'il cherchait. Il n'avait pour habitation qu'une caverne, qu'il partageait avec un tigre qui l'occupait avant lui. Ce féroce animal respecta son hôte; il lui céda même la caverne quelque temps après et se retira ailleurs. Le jeune solitaire, dans l'unique vue de conserver son innocence, s'exerçait à toutes sortes de mortifications; il s'abstenait de tout ce qui n'était pas absolument nécessaire pour prolonger sa vie. Une nuit qu'il était occupé des moyens d'acquérir ce bonheur dont il n'avait pas la moindre connaissance, un homme d'un aspect majestueux et divin lui apparut et lui dit: « Prends courage, dans un an, tu passeras la mer, et après bien des travaux et des fatigues tu obtiendras l'objet de tes désirs. » L'année n'était pas encore expirée, lorsque les Japonais entrèrent en Corée sous la conduite de Tuscamidono, roi de Fingo. Le jeune solitaire fut fait prisonnier; le vaisseau qui le transportait au Japon fit naufrage près de l'île de Zeuxima; il se sauva à la côte; ceux qui le conduisaient périrent probablement dans les flots. Quoiqu'il en soit, il recouvra sa liberté. Séduit par la vie austère des bonzes, il crut avoir trouvé ce qu'il cherchait depuis tant d'années. Il se retira dans une des plus célèbres pagodes de Méaco; il ne fut pas longtemps sans s'apercevoir de son erreur; ces religieux idolâtres n'étaient rien moins que des hommes parfaits. Cette méprise lui causa un si grand chagrin qu'il en tomba malade; pendant sa maladie, il lui sembla voir la pagode toute en feu. Peu après, un enfant d'une beauté ravissante lui apparut et le consola: « Ne crains pas, lui dit-il, tu es à la veille d'obtenir ce bonheur tant désiré. » Il n'était pas encore guéri, qu'il abandonna une maison qui lui rappelait de si tristes souvenirs. Le jour même, il rencontra un chrétien, à qui il raconta ses peines et ses aventures; celui-ci l'amena sur-le-champ au collége des jésuites; on l'instruisit des mystères de la religion. Comme son cœur était déjà préparé à recevoir la divine semence, il crut, sans hésiter, et goûta sans peine la sainte morale de l'Evangile. Il demanda aussitôt le baptême; on ne pensa pas devoir le soumettre à une plus longue épreuve; la grâce du sacrement produisit dans une âme si bien disposée des effets admirables. Pendant qu'on l'instruisait, un jésuite lui montra un tableau représentant Notre-Seigneur. « O mon père! s'écria-t-il, voilà Celui qui m'a apparu dans ma caverne, et qui m'a prédit tout ce qui m'est arrivé. » Il se mit à la suite des missionnaires; il se consacra au soin des malades, surtout des lépreux. Il n'est point de vertus dont cette âme prédestinée n'ait donné l'exemple; mortifications presque excessives, charité pour les malheureux, soins empressés pour les missionnaires, dont il partageait les travaux et les dangers, zèle pour le salut des âmes, telles sont les vertus qu'il ne cessa de montrer le reste de ses jours. Il ne trouvait rien au-dessus de ses forces, lorsqu'il fallait témoigner de la reconnaissance pour un Dieu qui l'avait prévenu de tant de grâces, avant même qu'il pût connaître et apprécier ses dons. En 1614, il suivit aux Philippines Ukandono, général des armées du Japon, qui était exilé pour la foi. Après la mort de ce grand homme, le jeune Coréen retourna au Japon; il reprit ses fonctions et accompagna les missionnaires à titre de catéchiste. La persécution prenant tous les jours un caractère plus effrayant, il se crut obligé de redoubler de ferveur, il multiplia ses austérités et ses oraisons. Dieu récompensa tant de vertus par un glorieux martyre. Le néophyte étant allé un jour, selon sa coutume, visiter les confesseurs de la foi, se déclara lui-même chrétien et catéchiste; il fut arrêté sur-le-champ et conduit dans les prisons de Nangasaki, où il eut beaucoup à souffrir. Il fut condamné à être brûlé à petit feu, pour son attachement à la foi. Il subit cet horrible supplice avec une constance admirable..... »

XVIII.

SAINTS DÉSIRS DU MARTYRE.

Lettre de M. Chastan, missionnaire apostolique de la congrégation des missions étrangères, aux vicaires apostoliques et à ses confrères de ladite congrégation.

En 1839 s'éleva de nouveau, dans la Corée, une persécution générale, dont Mgr. Imbert, évêque de Capse, et ses deux chers confrères MM. Mauban et Chastan ont été victimes. Voici la lettre que M. Chastan écrivait peu de jours avant son martyre, le jour même où il allait se constituer prisonnier.

Corée, le 6 septembre 1839.

« La divine Providence, qui nous avait conduits dans

cette mission à travers tant d'obstacles, permet que la paix dont nous jouissions, soit troublée par une persécution cruelle. Le tableau qu'en a tracé Mgr. de Capse, avant son entrée en prison, et qui sera expédié avec ses lettres, s'il y a moyen, vous en fera connaître la cause, la suite et les effets. Déjà vingt-cinq confesseurs ont été décapités, cinq sont morts dans les tourments ou à la suite des tortures, plus de cent cinquante sont dans les fers. Le nombre des apostats n'est pas petit. Monseigneur avait pensé plusieurs fois à se livrer pour sauver ses ouailles; cependant, comme il ne s'agissait point de nous dans les supplices de la question, mais qu'on se bornait à dire aux chrétiens : « Apostasiez, sauvez votre vie, » nous craignîmes d'aigrir le mal au lieu de le guérir, en nous présentant aux mandarins.

» Vers la fin de juillet, ayant eu le bonheur de nous voir réunis, monseigneur exprima le désir de nous renvoyer en Chine, et d'aller seul recevoir la couronne. Cette proposition nous affligeait beaucoup ; le danger évident de mort qu'auraient couru, en nous sauvant, les bateliers et leurs familles, la fit rejeter. Aujourd'hui, 6 septembre, est arrivé un ordre du prélat de nous présenter au martyre. Nous avons la douce joie de partir après avoir célébré une dernière fois le saint sacrifice. Qu'il est consolant de pouvoir dire avec saint Grégoire : *Unum ad palmam iter, pro Christo mortem appeto !* Je désire mourir pour Jésus-Christ; c'est pour moi l'unique chemin du Ciel !

» Si nous avons le bonheur d'obtenir cette palme glorieuse *quæ dicitur suavis ad gustum, umbrosa ad requiem, honorabilis ad triumphum*, qu'on appelle les délices de ceux qui la savourent, un ombrage propice au repos, le plus bel ornement du triomphe, rendez-en pour nous, mille actions de grâce à la divine bonté, et ne manquez pas d'envoyer au secours de nos pauvres néophytes, qui vont de nouveau se trouver orphelins. Pour encourager nos chers confrères qui seront destinés à venir nous remplacer, j'ai l'honneur de leur annoncer que le ministre Y, actuellement grand persécuteur, a fait forger trois grands sabres pour couper leurs têtes.

» Si quelque chose pouvait diminuer la joie que nous éprouvons à ce moment de départ, ce serait de quitter ces fervents néophytes que nous avons eu le bonheur d'administrer pendant trois ans, et qui nous aiment comme les Galates aimaient saint Paul; mais nous allons à une trop grande fête, pour qu'il soit permis de laisser entrer des sentiments de tristesse dans notre cœur. Nous recommandons une dernière fois notre cher troupeau à votre ardente charité.

XIX.

SAINTS REGRETS DU MARTYRE.

Lettre de Mgr. Bonnand, vicaire apostolique de Pondichéry, à MM. les directeurs du séminaire des missions étrangères.

Pondichéry, le 13 décembre 1843.

« Encore un triomphe pour notre bienheureuse congrégation ! encore un triomphe pour la sainte Eglise de Dieu ! Les apôtres de la Corée ont scellé de leur sang la foi qu'ils annonçaient ; des néophytes, en grand nombre, les ont imités dans cet éclatant témoignage rendu à l'Evangile. Que le Roi de gloire en soit béni !

» J'ai reçu avant-hier des lettres de la Mantchourie qui m'annoncent d'une manière officielle, mais sans aucun détail, la persécution de 1839 en Corée, et le martyre de Mgr. Imbert et de MM. Chastan et Mauban, nos vénérables confrères. Comme je sais de quelle sainte sollicitude vous êtes animés envers cette Eglise naissante que vos aumônes ont fondée, et combien vous avez à cœur son avenir, j'ai cru répondre à votre attente en m'empressant de vous communiquer ces nouvelles, si capables d'exciter l'admiration de tout le monde, et de ranimer la foi et la charité de nos frères d'Europe.

» Les néophytes de Corée qui ont échappé au glaive du persécuteur, n'ont point abandonné leur croyance :

Mgr. Ferréol m'écrit que, déjà trois fois, ils ont envoyé des courriers pour solliciter de nouveaux missionnaires. Aussi le prélat se disposait-il avec M. Maistre à voler à leur secours; ils n'attendaient, l'un et l'autre, que le moment favorable pour descendre dans l'arène encore rougie et fumante du sang de leurs confrères. Les trois grands sabres du premier ministre trouveront donc encore des têtes à couper, jusqu'à ce qu'ils s'émoussent ou que Dieu les brise !

» Je vous l'avouerai, messieurs, si j'ai été profondément affligé en apprenant les affreux ravages de la persécution, si j'ai amèrement gémi sur les misères de ce pauvre peuple, privé de ses pasteurs, mon cœur d'évêque s'est aussi senti ému d'une sainte joie; il a tressailli d'une ineffable allégresse à la vue des triomphes annoncés dans les lettres que je vous transmets. Je ne parlerai pas de ces jeunes héros de douze ans, qui ont combattu avec toute l'intrépidité de l'âge viril; de ces vierges admirables, que le ciel s'est plu à protéger par des prodiges, et dont le courage ne cède en rien à notre héroïque et à jamais vénérée Blandine; de tous ces courageux athlètes choisis au milieu du troupeau naissant; j'en viendrai à la grandeur d'âme de ce pasteur, de cet évêque, digne des anciens jours, qui a eu non-seulement la générosité de se sacrifier lui-même pour ses brebis, mais de joindre encore à son holocauste celui de deux apôtres qu'il s'était chargé de guider au combat. Je me prosternerai, dans ma profonde admiration, devant son dévouement, et devant celui de ces dignes missionnaires qui ont ainsi reçu, en un jour, avec la palme du martyre, la triple couronne de la foi, de l'obéissance et de la charité; dévouement que rien dans les temps anciens ou modernes n'a jamais surpassé en héroïsme, que l'exemple d'un Dieu se livrant lui-même pour le salut du monde pouvait seul inspirer, et devant lequel ma misère s'humilie et s'anéantit. Oh! pourquoi faut-il qu'une vie d'ingratitudes et d'infidélités m'ait éloigné sans espoir d'un semblable triomphe? Pourquoi faut-il renoncer pour jamais à voir cette mitre, pesant fardeau dont mon âme est parfois accablée, s'incliner un instant sous le sabre des bourreaux, pour se relever ensuite éclatante de gloire dans les splendeurs de l'éternité? O triomphe que je n'aurai point! ô mort, ô couronne glorieuse qui ne m'êtes point destinés! que vous êtes belles et désirables! belles de loin et de près! belles toujours, et surtout dans le sein éternel de Dieu!!!

» Excusez, messieurs, ces épanchements de mon cœur, et agréez, etc.»

MISSIONS DE LA CHINE,

DE LA COCHINCHINE ET DU TONG-KING.

XX.

NAVIGATION VERS LA CHINE.

Lettre de M. Mialon, missionnaire apostolique, à M. Eynac curé de Saint-Laurent, au Puy.

Macao en Chine, le 29 octobre 1830.

« Notre voyage a été une succession alternative de bonheur et de peine, de beau temps et de tempêtes; la mer inconstante nous présentait tour à tour la brise, les lames et les vagues. Mais généralement parlant, nous avons eu des contrariétés plus qu'ordinaires; et si néanmoins notre voyage a été si court, cela est dû à la supériorité de notre excellent navire, ou plutôt à la divine providence, qui en châtiant d'une main caresse de l'autre.

» Ce fut le 29 mars que nous fîmes voile du Hâvre à midi précis du jour le plus beau ; nous quittâmes le port bordé par une foule immense qui applaudissait à la fière démarche de notre élégant navire, tandis que nous avancions au son des instruments, emportés par une brise insensible, j'étais appuyé sur le gaillard de derrière, et je contemplais la France que je quittais pour toujours. Vers le déclin du jour, mes yeux étaient encore fixés sur la côte pour regarder les derniers balancements des arbres de ma patrie, que je vis enfin, pour la dernière fois, s'abaisser sous les eaux au-dessous de l'horizon. Que de réflexions ne fis-je pas, lorsque je vis s'éloigner pour jamais ma terre natale ! à combien de personnes ne fis-je pas intérieurement un dernier adieu ! puis, considérant ma position, je me demandais à moi-même ce que j'allais devenir, sans bien, sans amis ! Périrai-je au sein des flots, ou sur une terre éloignée ? Serai-je la proie d'un poisson, ou d'un tigre, ou des antropophages qui se divertiraient de mes supplices ? Ainsi se plaignait la nature ; ô bonté divine, qui opérâtes en moi un changement prodigieux ! plus mon sacrifice me parut pénible, plus dans un instant il me causa une joie subite ; depuis lors j'ai été plus content que jamais ; Dieu répand du baume sur mes jours et sur mes pas ; si je me suis lancé à l'autre bout du monde pour habiter au-delà des mers, c'est la main de Dieu qui m'a conduit, et sa droite m'y soutiendra..... Maintenant si je n'ai plus ni maison, ni ami, j'aurai pour père un Dieu qui saura bien ranimer mes os, quand même ils auraient été broyés sous la dent des bêtes.

J'ai déjà éprouvé la douceur de ses caresses; déjà je ne peux plus compter combien de fois j'ai ressenti l'effet visible de sa protection. Dieu aime l'homme si passionnément, que, selon l'expression de saint Thomas, on dirait que l'homme est son Dieu; mais par une tendresse spéciale, les missionnaires sont les enfants gâtés de la Providence. Aussi pendant tout mon voyage, même en voyant les flots soulevés contre notre navire, j'ai été aussi tranquille que sous le toit paternel. Je disais comme sainte Thérèse : c'est de vous, mon Dieu, et non pas de moi que je me soucie.

» Nous avons eu une mer orageuse dès les premiers jours de notre voyage; c'était un spectacle beau et terrible de voir ces montagnes mouvantes qui s'élevaient en un instant jusqu'aux cieux, et disparaissaient tout-à-coup pour laisser voir des abîmes; ainsi, me disais-je, la figure de ce monde passe; ainsi l'éclat que produisent les puissants du siècle s'évanouit et ne laisse après lui que le néant. Je contemplais le combat des vagues contre notre faible navire; une masse énorme s'avançait comme pour l'engloutir, le navire incliné paraissait sur le point de succomber; mais à l'instant où les flots allaient rouler sur lui, il s'élevait d'une centaine de pieds, et en les écrasant il s'enfonçait pour se relever encore, flottant ainsi comme un morceau de liége. Lorsqu'il se soulevait, la pression de l'air était si subite et si forte que les jambes pliaient sous le poids du corps; lorsqu'il s'abaissait, l'air était si subitement dilaté qu'on ne pouvait pas respirer; si le roulis venait par côté, on aurait dit que le navire allait être renversé par le poids de ses voiles, car le grand mât décrivait un arc de soixante degrés.

» C'est au sein des mers qu'il faut voir les œuvres du Seigneur, sa puissance et ses merveilles! Qu'ils sont admirables les élans de la mer et le Très-Haut qui en est l'auteur! Il parle, et la tempête a ramassé ses forces; les flots montent jusqu'aux cieux et descendent jusqu'aux abîmes; les plus intrépides sont troublés, toute leur adresse est déconcertée; alors ils invoquent le Dieu qu'ils blasphémaient, et qui peut changer en un instant la tempête en un vent léger. Une chose qui m'a bien étonné, c'est la conduite de certains esprits *forts* qui, au milieu des contrariétés de la navigation, s'attachent aux superstitions les plus ridicules; j'en ai vu qui très-sérieusement, et malheur à qui en aurait ri, faisaient jouer l'orgue pour appeler, en musique, le vent et la brise; un autre encore plus insensé faisait monter le mousse sur la hune et le forçait de crier: *Vent du nord! vent du nord!* Le vent ne venant pas, il frappait le jeune homme pour le faire crier plus fort, mais jusqu'au point que celui-ci en mourut. J'en connais un autre qui tire des coups de fusil au ciel et à la mer, pour les faire taire!!! Et ce sont ces fous, que l'impiété pousse au ridicule, qui se moquent fièrement de toute pratique de religion! Ainsi ils prouvent ce qu'ils nient, que la foi est la vie de l'homme, tant est fort le besoin de remplir le vide des croyances!

» Je ne vous parlerai pas de tous les caps que nous avons doublés, de toutes les îles que nous avons rencontrées, ma relation serait trop longue. Comme nous

nous arrêtâmes devant l'île de Tristan, je voulus la visiter; elle n'est guère connue, car elle n'a été abordée que par les vaisseaux qui y ont fait naufrage. Elle a six lieues de tour; c'est un volcan éteint dont on voit encore le cratère en forme d'entonnoir; la vue du côté du nord ne présente qu'un rocher aride; le pic le plus élevé a huit mille six cents pieds au-dessus de la mer. On entend vers l'ouest les mugissements des flots qui se brisent et des torrents qui se précipitent. C'est là qu'on trouve des ours et des lions marins de vingt pieds de longueur. Nous découvrîmes une belle plaine au nord-ouest, où nous vîmes errer des milliers de bœufs et de moutons; et enfin un village habité par six hommes et six femmes qui y ont fait naufrage. Le plus ancien est le roi, c'est le vrai portrait du commencement du monde; mais qui les conduira au ciel ? Je n'eus que la consolation de leur donner quelques croix, et nous nous quittâmes en versant des larmes.....

» J'ai vu les quatre parties du monde : l'Europe que j'ai quittée, l'Amérique près de Rio où les vents nous poussèrent quand nous eûmes passé la ligne, l'Afrique au cap de Bonne-Espérance, et l'Asie où je suis et où je dois mourir. Mais loin de trouver que le monde soit grand, il m'a paru plus petit que mon imagination ne me le représentait. Le temps ne m'a pas duré, je me suis beaucoup livré à la lecture et à l'observation de mille objets nouveaux pour moi. Presque tout le jour, assis sur l'arrière du vaisseau, tantôt je lisais, tantôt je méditais, tantôt je contemplais mon navire labourant les vagues qui effaçaient le sillon, et je chantais le cantique sur les vanités humaines ; leur gloire fuit et s'efface en moins de temps que la trace du vaisseau qui fend les mers. Je trouvais un plaisir incroyable à répéter les psaumes de David au milieu du vaste Océan. Ce qui m'affligeait, c'était de me voir privé des saints mystères pour si longtemps ; vous ne sauriez croire combien la diète donne appétit. Oh ! que j'enviais votre bonheur ! que j'aurais voulu, je ne dis pas célébrer la messe, mais être transporté dans une église pendant un quart-d'heure !

» Mon plus grand plaisir était l'astronomie ; c'était un bien vaste champ et une étude qui a quelque chose de bien enchanteur au milieu des mers. Chaque nuit, lorsque je n'entendais plus rien que le murmure des brisants qui expiraient, je contemplais une scène nouvelle. Changeant continuellement d'horizon, j'ai pu voir le ciel en entier, même cette partie de l'hémisphère austral qui est toujours cachée pour la France, et ces étoiles des plus belles du ciel, qu'on n'y voit jamais, comme Canopus, le Centaure, la Croix, etc..... De tous les spectacles qu'on a sur mer, le plus majestueux, quoique très-effrayant, est celui d'une trombe ; ce phénomène, l'effet de la compression des nuages par la contrariété des vents, s'aperçoit de fort loin sous la forme d'un cône dont la pointe est en bas, et qui par attraction fait élever de la mer une pyramide d'eau correspondante qui circule en montant en forme de spirale. Quelquefois il ne paraît que cette pyramide dont la pointe se perd dans un nuage extrêmement noir. La décomposition qu'elle fait des rayons solaires produit des couleurs éblouissantes. Les typhons sont encore plus terribles; par bonheur nous sommes arrivés avant l'époque où ils sont très-communs dans la mer de Chine. Un navire français vient de périr dans la rade de Macao par un tel fléau.....

» Non-seulement le physicien, mais encore le naturaliste, peut jouir d'une admirable variété, même en pleine mer. Nous avons vu des poissons d'une infinité d'espèces : tels sont les marsouins, toujours bondissants, les thons si estimés, les dorades si exquises et si belles par l'éclat de leurs couleurs qu'elles changent à volonté; les bonites si volages qu'on les voit par troupes sauter en rond, en forme de branle parfaitement cadencé, aussi les a-t-on appelées folles; les poissons volants qui ne se trouvent qu'entre les tropiques; lorsqu'ils sont poursuivis, leurs nageoires se changent en ailes; ils quittent leur élément et s'envolent dans les airs. Le vorace requin suit toujours le navire pour attendre sa proie; souvent il mord à l'hameçon; sa chair est indigeste; ce monstre a jusqu'à vingt pieds de long. Mais il n'y a pas d'animal qui puisse être comparé pour la grosseur aux baleines; il y en a qui ont cent vingt pieds de long, et qui lancent par leurs évents des jets d'eau à quinze pieds de hauteur. Quelquefois ce corps colossal s'élance totalement hors de l'eau. Parmi les rares poissons de Saint-Paul, il y en a une espèce qui, comme la torpille, excite une commotion électrique. La galère, insecte de la zone torride, n'est pas moins curieuse; ses pattes lui servent d'aviron et ses bras de mâts, au moyen desquels elle tend une membrane écarlate, et sous cette voile elle vogue sans danger; elle brûle la main qui la touche, comme l'huile bouillante.

» Nous avons vu dans l'Atlantique quelques hirondelles qui allaient retrouver leurs berceaux; ensuite des alcyons, des plongeons, des damiers, des moutons du cap, les uns noirs qu'on appelle cordonniers, les autres blancs dits albatros; leurs ailes ont douze pieds d'envergure; enfin les frégates et les paille-en-queue nous ont annoncé la terre à une distance de trois cents lieues. A leur suite nous avons passé le tropique le 24 juin, et le 30 nous avons aperçu la première des îles de la Sonde; enfin nous sommes arrivés à Macao le 9 septembre.

» Je dois repartir pour ma mission, qui est la Cochinchine, au mois de décembre. Je n'aurai plus besoin de boussole; j'aurai à suivre des traces de sang à la suite des martyrs. Ah! priez pour moi..... »

XXI.

PLAISIRS D'UN MISSIONNAIRE

EN COCHINCHINE.

Lettre de M. Relord, missionnaire apostolique, à Melle L*** A***, à Lyon.

1836.

« A d'autres j'ai fait le narré succinct de nos misères; avec vous je changerai de style, d'autant plus qu'il n'est pas expédient d'être toujours triste, et encore moins d'attrister les autres; je vous dirai donc mes plaisirs, bien différents de ceux que recherche le monde, que je n'échangerais pas avec les siens; puissiez-vous, en lisant la description que je vais vous en faire, sentir votre cœur brûlant d'amour pour Celui qui me les donne, et de zèle pour la religion qui me les fait goûter !

» Ma chère sœur, vous êtes sans doute étonnée que je me propose de vous parler de mes plaisirs : Eh ! de quels plaisirs pouvez-vous jouir, me direz-vous, si loin de votre patrie, sur un sol aussi insalubre; dans un royaume païen, peuplé de voleurs et de malheureux, et gouverné de plus par un cruel tyran; parmi des hommes dont les mœurs et les coutumes sont si différentes des vôtres, dans un temps de persécution sanglante, sous le soleil brûlant de la zone torride? Encore une fois, quels peuvent être vos plaisirs? Or, écoutez, chère sœur, je vais vous les dire; j'en ai de différents genres, et les voici : plaisirs dans mes courses apostoliques; plaisirs dans mes visites à nos chrétiens, et dans celles qu'ils me font quelquefois; plaisirs dans les miséricordes que Dieu manifeste pour la conversion des pécheurs; plaisirs dans la protection sensible que la Providence accorde à notre sainte religion; plaisirs dans l'exercice de mon ministère, que de plaisirs ! Reprenons-les maintenant en détail.

» 1° *Plaisirs dans mes courses apostoliques.* Qu'elles sont belles ! Tantôt, semblable à un gros mandarin, je les fais mollement couché dans un filet recouvert d'une belle natte, et porté par deux annamites. C'est ainsi que nous, hommes d'un autre monde, sommes obligés d'en user ici, lorsque, pour des raisons pressantes, nous allons quelque part pendant le jour ; dans ce filet et sous cette natte l'œil du méchant ne peut nous voir ; telle est la ruse dont nous sommes obligés de nous servir, afin de tromper nos ennemis. Tantôt, heureux héritier de la barque de Pierre, je voyage sur les eaux des fleuves, qui sont très-beaux ici et en très-grand nombre, grâce à des inondations qui, pendant plus de quatre mois, couvrent entièrement le pays. Ce mode de transport devient fort commode ; et les païens qui me voient voguer dans ma pauvre petite nacelle, croient que je vais comme eux à la pêche des poissons, quand je vais à celle des hommes. Le plus souvent, c'est à pied que je fais mes courses ; figurez-vous un individu dont la taille est de cinq à six pouces plus haute que celle de tous ceux qui l'environnent ; une longue barbe cache presque tout son visage, un large turban enveloppe sa tête, et un chapeau de paille de neuf pieds au moins de circonférence la couvre en entier ; ses larges habits, d'une forme toute singulière, sont relevés jusqu'aux genoux ; ses pieds sont nus, et sa main est armée d'un gros et noueux bâton ; le voilà qui s'avance précédé d'une douzaine d'hommes armés de longues perches de bambous ; car c'est ainsi qu'il faut en user pour ne pas s'exposer à tomber entre les mains des brigands qui pullulent sur cette malheureuse terre annamite. Je marche au milieu des ténèbres d'une nuit profonde, dans des chemins tortueux et étroits, bien souvent dans la boue ou dans l'eau jusqu'à la ceinture, et malgré la pluie et les vents. Où allez-vous dans cet équipage ? me direz-vous. Où je vais ? Ah ! quelquefois chercher la brebis errante pour l'arracher au loup infernal ; d'autres fois, je fuis pour m'arracher moi-même à la fureur des persécuteurs ; mais peu importe, je me trouve heureux ; dans le silence de mes pensées, je réfléchis que notre vie n'est aussi qu'un pélerinage, ce monde entier un lieu d'exil ; et que Jésus-Christ, notre maître et notre modèle, a comme moi parcouru les bourgs et les bourgades, tantôt pour prêcher aux pauvres, tantôt pour fuir les méchants. Les prophètes qui l'ont précédé, les apôtres et tant d'autres saints qui l'ont suivi, n'ont-ils pas aussi traîné leur existence sur le sommet des montagnes, dans la profondeur des vallées, dans l'obscurité des souterrains, couverts de peaux de chèvres et de brebis, eux dont le monde n'était pas digne ? Or, ne suis-je pas heureux, ma chère sœur, de former un nouvel anneau de cette grande chaîne de prophètes, d'apôtres et de missionnaires ; de cette chaîne qui embrasse tous les lieux, et s'allonge le long de tous les siècles ? Je suis là, il est vrai, comme un roseau fragile au milieu des cèdres majestueux du Liban ; mais enfin, j'y suis, ma place est marquée et mon nom écrit au milieu de tous ces prédicateurs de la bonne et grande nouvelle. Voilà ce qui me fait trouver un très-grand plaisir dans mes courses apostoliques, quelque aventureuses qu'elles soient.

» 2° *Plaisirs dans mes visites aux chrétiens et dans celles qu'ils me font.* Non, vous ne sauriez croire, ma chère sœur, combien on éprouve de joie lorsque, sur une terre païenne, si loin du lieu de sa naissance, on rencontre des chrétiens qui nous sont unis par les liens d'une même foi, le sentiment d'une même espérance, et le feu d'une même charité ! Qu'elle est belle cette religion qui, de tant de peuples divers de langages, de coutumes et de mœurs, n'en fait cependant qu'un seul peuple, qu'un seul troupeau sous la houlette d'un même pasteur ! Qu'elle est belle cette vigne du Seigneur, qui a étendu ses plantes jusqu'à la mer, et depuis les rives du fleuve jusqu'aux extrémités du monde ! *Extendit palmites suos usquè ad mare et à flumine.* Quand je vais dans une chrétienté faire la mission, un de mes grands plaisirs est d'entendre les fidèles chanter à haute voix, dans leurs maisons particulières, ou réunis ensemble dans une maison commune, les prières du matin et du soir; je le dis à notre honte, ils font leurs prières plus longues et plus exactement que nous. Bref, à peine le missionnaire est-il arrivé chez eux, les voilà qui viennent le saluer et lui offrir des présents; les hommes lui apportent une tête de cochon ou de buffle, du bétel, des poissons; les femmes et les filles, différentes espèces de pain de riz, des œufs, des fruits, etc.; les enfants aussi se cotisent, et viennent par bandes présenter quelque chose au grand père. Je m'imagine que ces présents sont à peu près du même genre de ceux que les bergers offrirent à l'enfant Jésus, et dans ce cas, comment ne pas s'en trouver honoré? Arrivés devant le missionnaire qui est assis, à la mode des tailleurs, sur une estrade un peu élevée, les hommes le saluent en s'agenouillant, le front incliné jusqu'à terre ; les femmes s'asseient sur une natte, joignent les mains, et se baissent aussi profondément. Le salut fait, on cause un instant; je leur raconte des histoires sur la France; je leur dis combien est grand dans ce pays le nombre d'évêques et de prêtres, comme les églises sont hautes, ont de grosses colonnes et de pesantes voûtes en pierre; je leur parle de la multitude d'autels qui se trouvent dans ces églises, de leurs grosses cloches, du chant majestueux des offices, etc.; je n'oublie pas les pieux fidèles qui font l'aumône aux missions, qui leur envoient des chapelets, des médailles et des croix; et je rappelle aussi combien nous sommes obligés de prier Dieu pour eux. Ces braves gens sont enchantés de mes histoires; ils se disent entre eux : « Il paraît qu'on est bien heureux dans ce pays, puisque la religion s'y exerce si solennellement. » Hélas ! ils ne se doutent point que je ne lève devant leurs yeux qu'un coin du voile, celui qui cache le beau côté; mais pour cette partie qui dérobe à leurs regards les œuvres de crime et de mort de vos savants impies, je la laisse abaissée devant eux, comme elle devrait l'être pour toutes les générations.

» 3° *Plaisirs dans les miséricordes que Dieu manifeste pour la conversion des pécheurs.* Nous ne sommes venus ici, en effet, que pour la conversion des pécheurs; quel plaisir n'est-ce donc pas pour nous d'en pouvoir convertir quelques-uns ! plaisir plus grand que celui du chasseur qui, après avoir franchi les montagnes et traversé les forêts, abat enfin la proie qu'il poursuivait avec ardeur ; plus pur que celui du conquérant qui renverse une citadelle longtemps assiégée, ou qui prend une ville d'assaut ! Or, ce plaisir, souvent Dieu le procure au missionnaire, pour le dédommager de ses peines et le consoler dans ses afflictions. Quelquefois ce sont des apostats fameux qui reviennent sur la bonne route qu'ils avaient quittée, et j'ai déjà vu plusieurs de ces brebis perdues qui ont regagné le bercail; d'autres fois ce sont de vieux paresseux, et des traînards insignes dans le sentier des vertus. A quarante, cinquante ou soixante ans, ils ne se sont pas encore confessés une fois comme il faut, ils ne se sont pas nourris du Pain des forts; est-il bien étonnant que, sans cette nourriture céleste, ils viennent à tomber de défaillance? On voit aussi assez souvent quelques chefs de voleurs, ou bien quelques victimes du monde, qui, après avoir couru longtemps à travers les lieux âpres et désolés du crime, viennent se reposer, comme Augustin, dans la mélodie intérieure et ravissante de notre sainte religion. . . . .

» 4° *Plaisirs dans la protection sensible que le Seigneur accorde à notre sainte religion.* Il est vrai, le Seigneur quelquefois frappe ses enfants de calamités passagères; mais c'est un bon père, il ne châtie que pour corriger; et s'il permet que les méchants persécutent quelques jours son Eglise, il saura bien, dans le temps marqué par sa sagesse, arrêter leur fureur effrénée et punir leur audace criminelle. C'est ainsi qu'il en agit autrefois contre les empereurs romains qui croyaient pouvoir, avec leur colossale puissance, étouffer l'Eglise dans son berceau; il suscita contre eux d'innombrables légions de barbares, et leur trône orgueilleux fut brisé. C'est ainsi qu'il agit encore envers ces hommes qui entreprirent un jour, dans notre France, de démolir les autels, et d'en noyer les débris dans un torrent de sang; eux-mêmes furent emportés par ce terrible torrent. Cette conduite de la Providence envers les persécuteurs de l'Eglise est remarquable, et nous en voyons encore un exemple dans les troubles, les guerres, les misères de tout genre qui affligent le royaume annamite. Avant l'édit de persécution, tout était en paix; mais à peine fut-il lancé, que de toutes parts des hordes de rebelles apparurent sur les montagnes, prêtes à déchirer l'empire. Qui pourrait dire combien de soldats, combien de mandarins sont tombés, depuis un an, sous les coups de leur fer meurtrier? Et voilà qu'après bien des combats donnés peut-être sur plus de vingt points du royaume, contre plus de vingt partis différents, le feu de la guerre civile est encore bien loin de s'éteindre. Je ne veux pas entrer dans de longs détails sur les affaires politiques de ce pays, je veux seulement vous montrer au doigt les lieux où gronde le tonnerre des vengeances célestes, et ceux où tombe la foudre exterminatrice. Vous voyez que ces lieux sont les trônes et les royaumes qui rejettent insolemment le bonheur et les bienfaits qu'un Dieu nous a achetés au prix de son sang. *Et nunc, reges, intelligite; erudimini, qui judicatis terram.* « Et maintenant, ô rois! comprenez, instruisez-vous, juges de la terre (Psalm. 11, 10). » Cette vérité a été si bien prouvée par les exemples des siècles précédents, qu'ici les païens mêmes n'en doutent pas ; ils croient sincèrement que le roi, persécutant la religion de Jésus, ne saurait conserver son royaume. Il paraît même que le tyran a tremblé ; car il a beaucoup ralenti l'ardeur du feu de sa colère contre nous ; il a feint de croire que les chrétiens de ses états ont définitivement abandonné la religion. . . . . . .

Quand il eut fait étrangler M. Gagelin, il avait encore sous sa main M. Jaccard et le Père Octorico ; cependant il n'osa les frapper de mort, il se contenta de les envoyer en exil sur les montagnes qui séparent la Cochinchine du Laos. Il est vrai que l'ordre de les laisser périr de faim était bien l'équivalent d'une sentence capitale ; mais Dieu, qui tient dans sa main le cœur des rois, a encore un peu amolli celui de Minh-Mênh, et il s'est décidé à leur faire donner du riz et rendre leurs livres.

» Voilà, ma chère sœur, bien des preuves de la protection divine envers l'Eglise. Je veux cependant vous raconter encore une ou deux autres anecdotes qui prouvent la même vérité. A Ké-Ngà, petite chrétienté appartenant à mon district, les païens, qui dans le village forment la majorité, avaient grandement inquiété les chrétiens pour leur faire prendre part aux superstitions ; ils leur avaient enlevé une partie du bois de leur église, et extorqué beaucoup d'argent ; mais voilà qu'un de leurs notables, celui précisément qui s'était montré le plus acharné, a été frappé de mort subite. Eux, aussitôt, de consulter le démon pour savoir pourquoi cet homme était mort d'une manière si extraordinaire ; mais, par une permission divine, l'oracle a répondu que c'était parce qu'il avait persécuté les chrétiens et qu'il s'était emparé du bois de leur église ; que si l'on voulait éviter de plus grands malheurs, il fallait réparer le tort fait aux chrétiens, et les prier d'aller chercher le prêtre, pour faire la mission comme auparavant. Les païens ont obéi, et le prêtre annamite a pu aller visiter ces pauvres chrétiens. Dans une autre chrétienté de mon district (Bâl-Dout), un riche païen avait forcé les chrétiens de lui vendre leur église dont il avait fait un hangar, or, ce païen est tombé dangereusement malade, et le sorcier qu'il a consulté lui a répondu que sa maladie venait de ce qu'il possédait l'église des chrétiens. Ce païen, craignant de mourir, a bien vite rendu cette église, sans même oser redemander l'argent qu'il avait donné pour l'acheter. Dans un autre endroit peu éloigné de mon district (Ké-Koua), les païens s'étaient mis à abattre une église, quand tout-à-coup une partie de l'édifice tomba sur eux, leur tua deux hommes et en blessa grièvement deux autres. Je pourrais vous dire encore ce qui vient de m'arriver à moi-même. Deux païens, par un esprit de vengeance contre le maire d'un village tout chrétien, où je faisais la mission, découvrirent mon existence au mandarin de l'arrondissement ; leur intention était que ce maire fût trouvé en faute, et puni comme recevant des Européens dans son village ; mais l'adjoint du mandarin nous a donné avis de cette dénonciation, et j'ai eu le temps de fuir dans un autre arrondissement, où je suis inconnu aux officiers du roi. C'est ainsi que le Seigneur est bon; il châtie, il corrige, il punit, il protège aussi et il guérit, il fait tout pour sa plus grande gloire et pour le salut de ses enfants. N'ai-je donc pas raison de trouver un grand plaisir dans la considération de cette marche sage et juste de la Providence, et de cette protection sensible qu'il accorde à son Eglise ?

» 5° *Plaisirs dans l'exercice de mon ministère.* — Le plaisir que nous trouvons dans l'exercice de notre ministère est un plaisir certainement mêlé de beaucoup de peines; et néanmoins nous sommes extrêmement contents lorsque quelques moments de tranquillité nous permettent de vaquer à ce ministère. Mais je vous entends me demander : « Comment faites-vous la mission dans ce pays ? » Ma chère sœur en J. C., nous la faisons bien simplement, sans pompe, sans appareil, sans chant, sans cérémonie. Nous logeons dans une cabane, notre église est aussi une cabane appartenant à des chrétiens. Deux heures avant le jour, on donne le signal du réveil, et les fidèles viennent réciter la prière et le chapelet dans la cabane convenue; après quoi, le prêtre s'habille. Avant de commencer la messe, il fait aux fidèles une courte instruction; pendant la messe, le catéchiste récite à haute voix les actes avant la communion, pour ceux qui s'y préparent; et, après la messe, il récite les prières après la communion, pour ceux qui ont eu le bonheur de la recevoir. Ensuite chacun d'eux retourne à son ouvrage; le catéchiste va chercher et exhorter dans leurs maisons les paresseux et les endurcis; le prêtre confesse, catéchise les petits enfants, reçoit les visites des chrétiens, juge leurs différends, empêche les procès, éteint les haines et les dissensions qui peuvent régner entre eux. Ainsi se passe le jour. Si, après toutes ces occupations, il y a quelques moments de reste, il les emploie à la lecture, à écrire à ses amis, ou bien à dormir, afin de regagner le sommeil perdu à cause des confessions de la nuit précédente.

» Le dimanche, ce sont encore les mêmes exercices; point de différence, si ce n'est qu'un plus grand nombre de fidèles y assistent. Dès le soir du samedi, ils arrivent en foule des chrétientés environnantes, mais quelquefois très-éloignées de celle où le prêtre fait la mission. En hiver ils parcourent des chemins affreux, dans la boue et dans l'eau jusqu'au-dessus des genoux. Depuis le commencement de juillet jusqu'à la fin de novembre, particulièrement dans mon district, les champs sont, comme je l'ai déjà dit, entièrement couverts d'eau; les villages ressemblent à des petits îlots, et l'on va à la messe en barque. Voilà donc, ma chère sœur, comme je fais la mission dans ce temps de persécution où nous sommes; je ne sais encore comment on la fait en temps de paix. Lorsque tous les fidèles se sont approchés des Sacrements, le prêtre passe dans une autre chrétienté, de la manière et dans l'équipage que je vous ai décrit plus haut. C'est du moins ainsi que j'en use. Mais si tous les habitants du lieu sont chrétiens, il arrive souvent que les fidèles prient le missionnaire de faire la bénédiction de leur village avant de partir. J'ai déjà fait deux bénédictions de ce genre. La première fois, j'étais monté sur une barque, en surplis et en bonnet carré; je fis le tour du village et le bénis solennellement aux quatre points cardinaux. L'aurore commençait à paraître, une vingtaine de barques escortaient la mienne; tout était tranquille dans la nature, excepté le zéphir qui s'agitait dans les airs, et y répandait une agréable fraîcheur. La seconde fois, je fis cette bénédiction pendant la nuit; tout le village, chantant à demi-voix les litanies des saints et celles de la sainte Vierge, marchait à ma suite, à la lueur d'un grand nombre de torches enflammées. Alors je bénis les maisons, l'eau des puits, et les buffles attachés près du chemin. En temps de paix, le missionnaire a de plus le plaisir de chanter quelques messes solennelles; mais je n'ai pu me procurer ce plaisir encore qu'une seule fois, il y a environ deux mois; c'était une messe de mort que je célébrai bien avant l'apparition de l'aurore. Deux de mes gens faisaient acolytes; trois autres revêtus de chappes, chantaient au pupitre; seize cierges brûlaient sur le catafalque; les fidèles des environs étaient venus en foule, dès la veille, pour y assister. Si vous saviez comme je fis retentir ma voix, quel bonheur c'était pour moi de pouvoir chanter sans contrainte les louanges du Seigneur! Croiriez-vous qu'une de mes plus grandes privations est de ne pouvoir plus chanter ces divines louanges? Oh! quand je me rappelle les chants et les cérémonies de Lyon, comme je pousse de profonds soupirs! Il n'y a que la pensée du ciel, où j'espère chanter et entendre chanter tout à mon aise, qui me console de cette privation; oh! oui, vive le ciel!.... Mais pardonnez cette digression, j'ai hâte de revenir.

» Un riche païen des environs, qui me connaissait de réputation, se trouvant alors dans le village où je célébrais cette messe, demanda la permission d'y assister ; il en fut émerveillé. Quelques jours avant, le frère aîné de ce païen était venu me rendre visite, me priant d'aller me cacher chez lui s'il arrivait quelque circonstance désagréable ; nouvelle preuve que la Providence veille sur nous, puisqu'elle nous prépare dans le secret, jusque même dans les camps de l'ennemi, des retraites contre les jours mauvais, retraites que les méchants ne sauraient même soupçonner. Oh ! que le Seigneur est donc bon ! que sa Providence est admirable ! Que les enfants de la terre s'attachent à ce monceau de boue, qu'ils se disputent à l'envi quelques grains de sable ; pour moi, je ne veux que vous, ô mon Dieu, et je me tiens bien content de la part que vous m'avez assignée. Prêcher l'Evangile aux pauvres, courir de cabane en cabane sur les pas de Jésus, oh ! que ce ministère est beau ! A d'autres le pénible état de faire retentir la parole sainte à l'oreille des grands, de la prêcher sous la voûte résonnante des basiliques riches et superbes, entourés d'un auditoire illustre et nombreux ; mais à nous la gloire de catéchiser le pauvre et l'ignorant sous sa case de paille. Que d'autres parcourent solennellement les provinces, précédés par la renommée qui proclame leur arrivée par avance ; pour nous, notre honneur est de passer inaperçus sur les empires où le démon règne tyranniquement, de ruiner sourdement son pouvoir en lui débauchant ses sujets.

» Mais, ma chère sœur, je vous entends me dire : « Comment pouvez-vous être content et heureux, si loin de votre patrie, pauvre et dénué de tout, seul et abandonné à vous-même ? » Si loin de ma patrie ? Hé ! vous ne savez donc pas que pour le philosophe, le monde entier est la patrie ; mais pour le chrétien, la patrie véritable est le ciel. Là se trouve le rendez-vous commun, le rendez-vous éternel, où j'espère rencontrer mes amis de France et d'ailleurs ; oh ! alors que de plaisir ! Ce qui m'inquiète, c'est que je crains beaucoup que, retardé par la chair et le sang, je ne manque moi-même l'heure du rendez-vous. Priez donc pour le pélerin ; pauvre et dénué, cela est vrai ; mais c'est aussi un grand avantage ; dépouillé de tout, nous pouvons combattre avec plus de succès contre l'ennemi ; il a moins de prise sur nous ; pauvre, notre bagage sera plutôt plié quand il faudra partir pour le grand voyage ; peu attaché à la terre, où nous ne possédons rien, nous la quitterons sans regrets et sans amertume. Saint Paul disait : « Quand je suis faible, c'est alors que je suis puissant. *Cum infirmus, tunc potens sum.* Je me plais dans mes infirmités : *Placeo mihi in infirmitatibus meis.* » Or, nous pouvons dire la même chose. Ce grand apôtre disait encore : « Ayant le nécessaire pour la nourriture et les vêtements, il faut être content. » La Providence, qui nourrit les oiseaux du ciel et revêt du plus bel éclat les lys des campagnes, nous a toujours pourvu de ce nécessaire. »

« . . . . Voilà donc, chère sœur, l'histoire de mes plaisirs. Vous voyez qu'ils sont tous extérieurs, ou du moins provenant de causes extérieures. Mais, pour les sentiments retirés au fond de l'âme, dans le sanctuaire de la conscience ; cette pleine paix de l'intelligence rassasiée de la vérité infinie, dont la foi met en possession, cette espérance divine où tous les désirs de la terre viennent s'éteindre et qui s'élance sans fin dans les profondeurs de l'éternité, ce délectable amour dont l'âme s'abreuve à longs traits, cette jouissance intime de la Divinité conversant avec sa créature comme un ami avec son ami, se livrant à elle pour en être possédée, pour être son bien, sa joie et son aliment incompréhensible, en un mot, ce bonheur du juste sur la terre, je ne vous en parle pas, vous le connaissez mieux que moi, ma chère sœur. Tiède et languissant dans la vertu, comme je le suis, comment pourrais-je en sentir toutes les douceurs? C'est pourquoi tous mes plaisirs, dont je viens de vous parler, sont entremêlés de bien des croix, de bien des peines; ne les regardez que comme un peu de miel que Dieu met sur les bords du calice qu'il nous fait boire, comme à son Fils. Au surplus, le parfait bonheur n'est pas un fruit de la terre, il faut l'aller cueillir dans les contrées du monde éternel. Du fond de cette vallée de larmes, élevons donc nos regards vers les collines de la terre des vivants; attendons avec patience que la nuit d'ici-bas s'écoule, quand le soleil de la gloire du Seigneur s'élèvera sur nous, alors, mais seulement alors, nous serons pleinement rassasiés. *Satiabor cùm apparuerit gloria tua.* »

—

XXII.

VOYAGE DE MACAO A SI-WAN,

DANS LA TARTARIE MONGOLE.

Lettre de M. Huc, missionnaire lazariste, dans la Tartarie mongole, à M. Donatien Huc, avocat à Toulouse.

Si-Wan, le 15 septembre 1841.

« Le 21 février 1841 j'ai quitté Macao pour entreprendre un voyage fort long et fort difficile; j'ai parcouru l'empire chinois d'un bout à l'autre, et maintenant je me trouve à Si-Wan, dans la Tartarie mongole. J'ai dépensé pour cette expédition quatre mois environ, beaucoup de sapèques, quelque peu l'épiderme de mes pieds, une partie de mon embonpoint, et quantité de patience. Selon le calcul des humaines probabilités, j'aurais dû être plusieurs fois reconnu comme Européen, arrêté, incarcéré, torturé, et puis enfin étranglé; mais la Providence a veillé sur moi; et quand Dieu garde quelqu'un, croyez-moi, il est bien gardé. Pour peu que vous soyez satisfait de me savoir vivant et bien portant dans la Tartarie chinoise, vous réciterez, je n'en doute pas, quelque bonne prière d'actions de grâces; cela me portera bonheur, et à vous aussi.

» Si, après Dieu, messieurs les mandarins du céleste empire veulent bien me permettre de vivre ici en paix pendant quelque temps, s'il ne leur prend vîtement fantaisie de me tordre le cou, j'essaierai de vous décrire dans une série de lettres les contrées que j'ai parcourues. Vous ne serez donc pas étonné si je m'abstiens aujourd'hui de vous donner sur mon voyage un grand nombre de détails ; plus tard, ils vous parviendront classés avec plus d'ordre et de netteté que je ne pourrais le faire à cette heure.

» Une course de quatre mois est sans contredit un pélerinage fort long; mais comme elle a été très-variée, je ne l'ai pas trouvée, il s'en faut bien, aussi monotone que je l'avais d'abord soupçonnée. Avant d'arriver à Si-Wan, durant sept cents lieues de route, j'ai essayé, je puis dire, de tous les systèmes locomoteurs adoptés en Chine. La partie nautique de mon voyage a été la moins pénible, et peut-être aussi la plus intéressante. J'ai navigué sur un grand nombre de rivières, sur un lac immense et sur deux des plus beaux fleuves qui soient peut-être au monde, le fleuve *Bleu* et le fleuve *Jaune*. Le *han-lou* (chemin de terre) est tout ce qu'on peut imaginer de plus détestable. Quelquefois accroupi

sur une misérable brouette, j'étais paresseusement traîné par deux hommes qui s'arrêtaient à toutes les auberges, à tous les hangars qui bordaient le chemin; c'était pour fumer la pipe, pour boire le thé, pour causer un instant, pour avoir enfin le plaisir de s'arrêter. Une autre fois j'étais inauguré sur un énorme chariot, auquel se trouvaient attelés pêle-mêle des chevaux, des bœufs, des mulets et des ânes. Notre cocher était un petit sans-souci de Chinois tout rebondi et d'une somnolence désespérante ; il était continuellement endormi

sur son siége, c'est-à-dire sur le brancard de la voiture. A tout instant j'étais obligé de le pousser du bout de ma longue pipe, et puis de le prier avec politesse de vouloir bien faire attention à sa mécanique; car je ne sais quel autre nom donner à son équipage. Cet intéressant cocher avait le sommeil si profond, que plus d'une fois il lui est arrivé de se laisser tomber et de rester endormi au milieu des chemins. Je descendais alors, j'allais l'éveiller tout doucement, et il retournait à son poste, moitié riant, moitié jurant contre son abominable métier, qui ne lui permettait pas de dormir tout à son aise.

» Outre les brouettes et les chariots, je me suis servi durant ma route de toute espèce de monture. Tantôt c'était un cheval bien rabougri et bien flegmatique, tantôt un mulet flaneur comme un avocat sans cause. Pendant quelques jours je me suis vu à califourchon sur un petit âne gris : je soupçonne cet âne-là de m'avoir reconnu comme Européen; je ne pourrais autrement m'expliquer sa grande répugnance à me souffrir sur son dos. Enfin, il m'est arrivé de cheminer économiquement, monté sur mes jambes que j'ai rarement trouvées complaisantes et dont j'ai fort peu à me louer. Vous comprendrez aisément, mon cher Donatien, que tous ces moyens de transport et surtout le dernier, sont peu remarquables par leur agrément et par leur célérité; si encore la bonté, la propreté des routes venaient suppléer à tout ce qui manque à ces diverses machines, à la bonne heure! mais il n'en est pas ainsi. Que je vous dise un mot des routes chinoises.

» D'abord, à en juger d'après nos idées européennes, on peut dire qu'il n'y a pas de route en Chine. Un rocher, ce n'est pas un chemin; un bourbier, non plus; le lit pierreux d'un ruisseau, encore moins; quelques ornières bien profondes, quelques sentiers étroits qui serpentent à travers champs, tout cela, n'est-ce pas, ne mérite pas assurément le nom de route? Eh bien, en Chine on n'a en général que ces espèces de voies pour aller d'un lieu dans un autre. Un amateur de phraséologie ne pourrait pas s'écrier ici : Le chemin se déroulait devant moi comme un large et magnifique ruban, etc. Il serait plus exact de dire: Le chemin s'éparpille çà et là dans l'empire chinois comme de hideux et sales haillons dans la boutique d'un chiffonnier.

» Les passages sont quelquefois si impraticables, qu'il serait impossible d'avancer, si l'industrie chinoise ne venait à votre secours. Quand il pleut, par exemple, et il a plu beaucoup pendant mon voyage, il se forme de petits torrents, des mares d'eau qui vous arrêtent tout court. On est alors fort heureux de rencontrer, en guise de pontonniers, certains portefaix qui, moyennant finances, vous prennent sur leurs épaules et vous transportent d'un bord à l'autre. Ailleurs, le chemin se transforme-t-il en un large ruisseau parsemé d'îles? vous avez alors un wagon qui peut à la fois servir de barque et de voiture. Quand le chemin est suffisamment sec, on adapte des roues à la locomotive, et on voyage dans une voiture traînée par quelques mulets; quand l'eau est assez profonde, on met les roues en dedans, et vous voilà dans une barque que les mêmes mulets tirent encore et font avancer par le moyen d'une longue corde. Eh ! qu'en dites-vous ? N'est-il pas vrai que dans le royaume de France et de Navarre on n'a rien imaginé de semblable ? Voici encore un expédient qui n'est pas moins curieux. Lorsque le vent souffle avec force, on hisse des mâts sur les chariots et sur les brouettes, on déploie la voile, et par cette heureuse combinaison du roulage et de la navigation, la route se fait plus promptement et avec moins de peine. Toutes ces voiles qui se promènent par soubresauts au-dessus des moissons, présentent un spectacle assez amusant, à force d'être bizarre. Les places où se rendent, les jours de marché, tous ces chariots-barques ne ressemblent pas mal à des havres en miniature. Je vous fais gratuitement l'abandon de cet important secret, libre à vous de l'exploiter à votre profit; je promets même de n'en parler à personne dans mes lettres, afin de vous laisser toute facilité d'obtenir un brevet d'invention.

» Pour être scrupuleusement exact dans ce compte rendu des chemins chinois, je dois ajouter qu'ils s'améliorent petit à petit, à mesure qu'on approche de la capitale; aux environs de Pékin, ils sont pour le moins quatre fois plus larges que les grandes routes d'Europe. Mais les mandarins se moquent évidemment du public; car cette excessive largeur ne peut en aucune façon être utilisée à cause de l'incurie du gouvernement. Quand il pleut, on a de la boue jusqu'aux genoux; et si le temps est serein, on étouffe dans d'épais tourbillons de poussière; les piétons sont obligés de cheminer à la file par d'étroits sentiers, sur les bords des champs.

Tous ces inconvénients que je signale, je les sais par expérience.

» Pékin est un vaste système de ville qui n'en finit pas ; elle a sept lieues de tour. Ses murs à créneaux et flanqués de bastions et de tourelles sont d'une hauteur imposante. On entre dans l'enceinte de la cité par seize portes, d'un assez beau style. Une espèce de boulevard, pavé en larges pierres de taille, environne les murs à l'extérieur ; et sur ce boulevard règne sans cesse une activité vraiment étourdissante. Des milliers de petites voitures qui se croisent et roulent avec grand bruit, des mandarins qui vont et viennent avec leur nombreux cortége, des comédiens ambulants qui jouent leurs farces avec accompagnement d'une musique infernale, de longues et interminables files de dromadaires qui transportent dans la ville les objets de négoce, et puis tout un peuple de Chinois criards et querelleurs, etc., donne à ce boulevard un caractère vivant et varié, qui accuse le voisinage de la capitale d'un grand empire. Mais l'intérieur de la ville est loin de répondre à ces magnifiques dehors. Pékin n'a pas de monument, du moins dans le sens qu'on donne à ce terme en Europe; les maisons sont basses et généralement mal bâties; rien ne s'élève à la hauteur des remparts. Les rues larges et presque tirées au cordeau, n'étant pas pavées, sont boueuses à l'excès et exhalent l'infection. Comme il est probable que, plus tard, j'aurai occasion de retourner à Pékin et d'y séjourner quelque temps, je tâcherai de me mettre bien en position de vous *daguerréotyper* cette ville.

» J'étais encore à quatre-vingt-dix lieues de Si-Wan. Cette dernière partie de mon pélerinage a été sans contredit la plus pénible; car, outre qu'on est obligé de suivre une route invariablement affreuse, il m'est survenu, chemin faisant, des accidents de tout genre. D'abord, un orage furieux m'assaillit au début : ma monture ne comprenant pas, sans doute, que je n'étais pas accoutumé comme elle à ces terribles averses du nord, allait toujours son pas ordinaire et modéré, comme pour bien me donner le temps de m'imbiber jusqu'à la moelle des os d'une pluie glaciale et qui tombait par torrents. Comme il n'y avait pas de refuge sur la route, je fus obligé de recevoir cette douce ondée pendant huit heures.

» Des montagnes escarpées, des rochers taillés à pic et bordés de précipices, voilà la route de Pékin à Si-Wan; heureusement que mon mulet avait le pied ferme et solide. Je puis dire de plus à la louange de cette bonne bête qu'elle était de la meilleure volonté du monde. Un jour, pourtant, que nous avions fait douze lieues sans boire ni manger, elle se laissa influencer par la faim et la fatigue, et se permit de me déposer à terre. Mais ce fut le plus honnêtement possible; elle abaissa prodigieusement sa tête, plia ses genoux de devant, me fit glisser le long de son cou, et puis me laissant mollement assis dans la boue, au milieu d'un gros village, elle se sauva, en chantant son triomphe, dans une auberge voisine. Il est inutile d'ajouter que les Chinois présents au spectacle eurent un moment de franche gaieté. Une autre chute fut moins risible que celle-là. Je venais de traverser cette fameuse *grande muraille* qui sépare la Chine proprement dite de la Tartarie chinoise. J'étais monté alors sur un petit chariot, qui, à force de sauter de roche en roche, perdit l'équilibre et se renversa, les roues en l'air. Je demeurai cinq minutes aplati contre des cailloux, ayant mon bagage sur mon dos et la voiture par-dessus mon bagage. Si je n'ai pas été écrasé, c'est qu'en Chine ce n'est pas ainsi que doit mourir un missionnaire.

» Si-Wan est un gros village adossé au flanc d'une montagne. Sa population, qui est toute chrétienne, peut s'évaluer, je crois, à huit cents âmes. Mandarins, grands et petits, tout le monde sait fort bien que le village professe l'Evangile, et néanmoins notre culte s'y exerce avec grande liberté. Combien cette tolérance durera-t-elle ? Personne ne le sait.

» En grande partie, les gens de ce pays habitent dans des cavernes. Ne vous effarouchez pas trop vite ; car la réalité est moins laide que le nom : ces cavernes ne sont autre chose que des chambres creusées dans l'intérieur de la montagne, et formant des demeures plus ou moins belles et commodes, suivant la fortune du propriétaire. Ces maisons souterraines sont fort avantageuses dans une contrée où le froid est excessif. Nous sommes à la mi-septembre, et j'ai déjà vu de la neige : pendant l'hiver le thermomètre de Réaumur descend jusqu'à trente degrés; ce qui ne m'empêche pas d'éprouver toujours de vives et chaudes émotions au souvenir d'un frère bien-aimé. Adieu.

XXIII.

UN VOYAGE DANS LA CHINE.

Lettre de M. Huc, missionnaire apostolique, à M. Marcou, directeur du petit séminaire de Toulouse.

Kien-Tchang-Fou, province de Kian Si, le 2 avril 1841.

« Ce serait sans contredit par ma faute et ma très-grande faute, si je venais à oublier que je ne suis ici-bas qu'un pauvre pélerin, car me voilà encore en course; et ce nouveau voyage sera pour le moins tout aussi long et beaucoup plus périlleux que celui du Hâvre à Macao, mes supérieurs m'envoyant faire la volonté de Dieu au delà de Pékin, dans la Tartarie occidentale. Celui qui m'a déjà conduit et protégé sur les eaux de l'Océan me guidera aussi, si cela lui plaît, à travers les fleuves et les routes de l'empire chinois; et déjà plus d'une fois, depuis que j'ai quitté Macao, j'ai pu admirer la Providence divine à mon égard. Je vais profiter du temps qui m'est donné à mon second relai, pour vous tracer un croquis de cette partie de mon voyage; vous voudrez bien me faire l'amitié de le communiquer à mes parents. Je leur enverrai mon itinéraire aussitôt que je serai arrivé dans ma mission.

» Les courriers qui devaient me conduire à Si-Wan, en Tartarie, étaient arrivés à Macao depuis plus d'un mois, sans qu'il nous fût possible de trouver un moyen quelque peu rassurant d'entrer incognito dans le fameux empire céleste. Les affaires anglo-chinoises rendaient de jour en jour les passages plus difficiles, et comme il était ridicule d'attendre un mieux qui semblait sans cesse s'éloigner, nous nous jetâmes aveuglément entre les bras de la Providence. Il fut décidé que je partirais le samedi, 20 février, vers sept heures du soir, dans la barque chinoise qui fait le trajet de Macao à Canton. Un de mes courriers était allé visiter la jonque, et il lui avait été promis qu'on réserverait à notre usage une petite chambre pour quatre personnes, à savoir, mes deux courriers, un séminariste indigène que je laisse au Kian-Si chez Mgr. Rameaux, enfin la contrebande européenne, c'est-à-dire votre tout affectionné ami.

» Vers les six heures du soir, on me fit la toilette à la chinoise : on me rasa les cheveux, à l'exception de ceux que je laissais croître depuis bientôt deux ans, au sommet de la tête; on leur ajusta une chevelure étrangère, on tressa le tout, et je me trouvai en possession d'une queue magnifique qui descendait jusqu'aux jarrets. Mon teint, passablement foncé comme vous le savez, fut encore rembruni par une couleur jaunâtre; mes sourcils furent découpés à la manière du pays; de longues et épaisses moustaches, que je cultivais depuis longtemps, dissimulaient la tournure européenne de mon nez; enfin, les habits chinois vinrent compléter la contrefaçon. Un jeune Lama Mongol, converti depuis peu à la foi, et maintenant élève de notre séminaire à Macao, me céda sa longue robe : la tunique courte qu'on met par-dessus, et qui ressemble à peu près à un rochet, était une relique de M. Perboyre, martyrisé l'an dernier dans la province de Hou-Pé. Ce vêtement était illustré de larges taches de sang, il devait me porter bonheur. Quand la nuit fut venue, armé d'une longue pipe qui m'avait été donnée par Mgr. Retord, vicaire apostolique du Toug-King occidental, j'enfilai les rues de Macao, je traversai le bazar jusqu'au bord de la mer, coudoyant par-ci par-là des groupes de Chinois qui ne se doutaient guère, assurément, que j'étais un Européen tout prêt à s'embarquer pour Pékin.

» Nous sautons à la hâte sur notre jonque chinoise qui allait partir; on commençait à lever l'ancre. Une fois sur le pont, je jette un coup-d'œil dans l'intérieur, avant d'y descendre, et je m'arrête pétrifié comme si je fusse arrivé sur le bord d'un abîme. A travers un épais nuage de fumée de tabac, j'aperçois une quarantaine de Chinois, qui occupaient tout le fond de la barque; ils étaient là allongés et pressés les uns contre les autres comme des sardines dans un baril; le plus grand nombre dormaient déjà et les autres fumaient silencieusement leur pipe. Ce petit cabinet mystérieux qui nous avait été promis n'existait même pas ! Voilà mes courriers qui commencent à crier et à se quereller avec le capitaine. De peur qu'on n'en vînt à quelque accommodement, comme je ne voulais en aucune façon me fourrer dans ce guêpier, je laissai mon monde hurler tout à son aise, et manifestai mon intention en sortant de la jonque. Mes gens ne tardèrent pas à venir me rejoindre sur le rivage; ils avaient jugé prudent de ne point se risquer dans une pareille galère.

» Et maintenant, que devenir? quoique bien peu avancés, nous l'étions beaucoup trop pour reculer et retourner au logis avec tout notre bagage; nous abandonnâmes notre sort à la Providence, bien persuadés que toujours on gagne à lui confier ses projets et sa vie. Nous allâmes donc à la première barque qui se rencontra; mais le pilote, les matelots, tout le monde dormait. Un de mes courriers les éveilla et leur proposa de conduire à l'instant quatre hommes à Canton. Le maître demanda d'abord, tout en se frottant les yeux avec le poing, combien il y avait de piastres à gagner. Le prix fut bientôt convenu. Je me glissai dans la barque, tout fut aussitôt mis en mouvement, les matelots crièrent leur chanson du départ, pendant que je récitais à voix basse le *Te Deum*, et un quart-d'heure après je dormais profondément, enveloppé dans ma couverture.

» Une bonne et forte brise nous poussait, et nous voguions à la garde de Dieu vers la rivière de Canton. La nuit fut délicieuse. Mais le lendemain nous nous aperçûmes que pendant notre sommeil les matelots, eux, s'étaient avisés de réfléchir; ils ne pouvaient comprendre pourquoi nous n'étions pas partis, à peu de frais, dans la barque qui avait levé l'ancre la veille, pourquoi nous avions voulu à toute force qu'on mît à la voile sur-le-champ..... D'ailleurs, ils voyaient en moi un passager qui affectionnait les coins, qui évitait de paraître au grand jour; tout cela les intriguait un peu, et déjà le nom d'*Européen* commençait à circuler parmi eux; plusieurs venaient comme à tour de rôle examiner furtivement ma physionomie, et ils s'en retournaient en chuchotant. Par bonheur, ils m'entendaient parler la langue mandarine avec le courrier, et ils furent complètement rassurés; ils conclurent entre eux que si je n'étais pas un homme déjà riche et puissant, j'étais sans contredit un lettré qui entrerait prochainement dans la voie des dignités et des honneurs. Tout cela était à merveille; mais il s'agissait de savoir si les autorités de Canton me jugeraient d'une manière aussi favorable.

» Vers les cinq heures du soir, le cœur me battait avec plus de vitesse qu'à l'ordinaire; nous étions arrivés à une petite île fortifiée, peu éloignée de la ville. Les mandarins du lieu devaient nous faire subir une inspection rigoureuse; nos personnes et nos malles devaient être scrupuleusement examinées. On venait de hisser à la forteresse un pavillon, pour nous dire d'arrêter; nous nous recommandâmes à Dieu, et nous attendîmes son bon plaisir. Les mandarins n'ayant pas jugé à propos de nous rendre visite, on abaissa le pavillon et nous continuâmes notre route. Nous arrivâmes pendant la nuit à l'embouchure de la rivière de Canton. La barrière était fermée; nous fûmes donc obligés de mouiller et d'attendre pour entrer que le jour parût; car pendant la nuit aucune jonque ne peut pénétrer dans la rivière; son cours est alors intercepté par un radeau qui va d'une rive à l'autre. Dès que le jour commença à poindre, trois coups de canon annoncèrent que le passage allait être ouvert. Le radeau se sépara en deux par le milieu; nous attendîmes un instant les mandarins qui devaient faire perquisition dans notre barque. Comme ils ne vinrent pas, nous avançâmes, et bientôt je me trouvai par le secours du bon Dieu dans cet empire chinois, où il est défendu à tout Européen de pénétrer sous peine de mort.

» La jonque nous conduisit bien avant dans la rivière, tout près de la ville; là, nous fîmes nos adieux à l'équipage et nous louâmes une petite embarcation qui nous porta, par de longs détours, jusqu'au faubourg le plus éloigné, où nous mîmes pied à terre. Il était dix heures du matin. Le soleil, après avoir dissipé les blancs nuages de vapeur qui naguère enveloppaient la ville et flottaient sur la rivière, scintillait maintenant de la façon la plus triomphante. Cet astre si beau et si brillant me réjouissait peu, car j'avais à traverser une partie de la ville pour aller me réfugier dans une maison chrétienne, chez le père d'un de nos séminaristes. Il fallut pourtant prendre son parti. Je priai Dieu de me conduire et je me mis résolument en route, me tortillant de mon mieux à la manière chinoise; tout alla à ravir. Chemin faisant, personne ne trouva à redire à mon angle facial. Le courrier qui me conduisait enfila enfin une porte entr'ouverte; je compris que c'était la maison hospitalière qui devait me recéler, et je m'y engouffrai sans regarder devant moi, à la façon d'un homme qui s'élance dans un précipice.

» Grande fut l'émotion, je vous assure, dans cette pauvre famille, car nous n'étions nullement attendus.

Le père, homme plein de dévouement, mais quelque peu pusillanime, fut saisi d'une grande terreur; ma présence fut pour lui comme le signal de la fin du monde. Il s'empara vîte de ma personne et me séquestra dans un cabinet obscur et étroit, avec la consigne de me coucher et de dormir de toutes mes forces, mais surtout de ne pas m'aviser de ronfler.

» Pendant que j'étais censé dormir profondément, d'après le règlement succinct qui m'avait été tracé, mes courriers allèrent louer une barque, faire les provisions, et préparer tout ce qui était nécessaire pour continuer la route. Ces préparatifs exigèrent beaucoup plus de temps que je n'avais imaginé, et je fus contraint de passer la nuit dans ma noire prison.

» Le lendemain, on vint m'annoncer qu'on avait trouvé une jonque bonne et sûre; mais, comme pour s'y rendre, il était nécessaire de traverser d'un bout à l'autre la ville de Canton, il fut convenu que nous attendrions jusqu'à l'entrée de la nuit, afin d'effectuer ce trajet avec plus de sécurité. Cela ne faisait guère le compte de mon hôte; mais il voulut bien, pour l'amour du bon Dieu, me donner encore un jour de généreuse hospitalité. Il venait me voir de temps en temps dans mon réduit; il m'apportait du feu pour allumer ma pipe, et il ne manquait jamais, le brave homme, de me dire, tout pâle et tout tremblant : « Père, n'ayez pas peur, il n'y a rien à craindre.» Je serais bien ingrat si je venais jamais à oublier de prier le Seigneur qu'il paie largement à cette généreuse famille le service qu'elle m'a rendu.

» A sept heures du soir, nous nous dirigeâmes solennellement vers la jonque qui devait, en remontant la rivière de Canton, nous conduire assez près des montagnes du Kian-Si. Un grand gaillard de Chinois, monté sur son long système de jambes, ouvrait la marche, un de nos courriers le suivait de près, je suivais le courrier, et derrière moi venait le séminariste dont je vous ai parlé plus haut. Nous formions ainsi, à nous quatre, comme un fil conducteur qui devait nous diriger dans ce grand labyrinthe qu'on appelle Canton.

» Cette ville, telle que j'ai pu l'entrevoir, m'a fait l'effet d'un immense guet-a-pens. Ses rues sont malpropres, étroites, tortueuses et façonnées en tire-bouchon, on dirait qu'il n'est pas vrai pour ses habitants, comme pour tout le monde, que la ligne droite soit le plus court chemin pour aller d'un endroit à un autre. Maintenant, si dans toutes ces rues capricieuses, si à la face de toutes ces maisons bizarrement découpées, vous jetez avec profusion de petites lanternes et des lanternes-monstres, des lanternes de toutes les formes, ornées de caractères chinois peints de toutes les couleurs, vous aurez une idée de Canton vu à la hâte et à la lueur des fallots.

» Parmi cette immense population qui sillonnait en tous sens ces rues nombreuses, notre grande affaire, à nous, était de ne pas nous perdre mutuellement de vue et de ne pas rompre la chaîne qui nous conduisait; elle fut brisée! Au détour d'une ruelle obscure, le courrier échelonné devant moi ne vit plus le Chinois qui ouvrait la marche et qui seul connaissait le chemin. Une fois disparu, où le chercher? La rue que nous suivions se terminait en patte d'oie, et nous ne savions par où nous avait échappé notre conducteur. Notre perplexité fut grande. Quelques instants, nous criâmes, nous appelâmes notre guide de tous côtés; la Providence nous le rendit enfin. Il s'était aperçu que personne ne le suivait, et revenant sur ses pas, il nous avait retrouvés à l'endroit même où il nous avait perdus. Nous reprîmes gaiement notre route, et nous entrâmes enfin dans la jonque, en bénissant le Seigneur du fond de l'âme. Les bateliers n'ayant pas encore terminé leurs préparatifs, nous ne pûmes partir que le lendemain. Nous passâmes donc la nuit sur le fleuve, en face de la ville et pour ainsi dire à la barbe du vice-roi.

» La rivière de Canton pendant la nuit est en vérité ce que j'ai vu de plus fantastique. On peut dire qu'elle est presque aussi peuplée que la ville. L'eau est couverte d'une quantité prodigieuse de barques de toutes les dimensions et d'une variété impossible à décrire. La plupart affectent la forme de divers poissons, et il va sans dire que les Chinois ont choisi pour modèles les plus bizarres et les plus singuliers. Il en est qui sont construites comme des maisons, et celles-là ont une réputation assez équivoque; toutes sont richement ornées; quelques-unes resplendissent de dorures, d'autres sont sculptées avec élégance, dentelées et comme percées à jours, à la façon des boiseries de nos vieilles cathédrales. Toutes ces habitations flottantes, entourées de jolies lanternes, se meuvent et se croisent sans cesse, sans jamais s'embarrasser les unes les autres. C'est vraiment admirable! On voit bien que c'est une population aquatique, une population qui naît, vit et meurt sur l'eau. Chacun trouve sur la rivière ce qui est nécessaire à sa subsistance. Durant la nuit, je m'amusai longtemps à voir passer et repasser devant notre jonque une foule de petites embarcations, qui n'étaient autre chose que des boutiques d'approvisionnement, des bazars en miniature; on y vendait des potages, des poissons frits, du riz, des gâteaux, des fruits, etc. Enfin, pour compléter cette fantasmagorie, ajoutez le bruit incessant du tam-tam et des pétards.

» Le lendemain, mercredi, nous partîmes de grand matin, le cœur plein d'espoir. Notre barque, cette fois, nous convenait à ravir; l'équipage était peu nombreux; trois jeunes gens nous servaient de matelots, et leur vieille mère, assise au gouvernail, faisait l'office de pilote. Ces jeunes gens nous paraissaient d'une précieuse simplicité, et déjà nous disions entre nous : « Voilà qui va bien; ceux-là au moins n'auront pas la malice de nous soupçonner. »

» Le second jour après notre départ, un de ces Chinois si ingénus vint trouver mes courriers et leur dit en souriant: « Voici la barque des douaniers qui vient faire la visite... prenez bien vos précautions, nous savons que vous conduisez un Européen. » Les douaniers arrivèrent en effet, jetèrent un coup-d'œil dans la jonque, ne virent pas de contrebande, et s'en retournèrent. Nos matelots nous racontèrent ensuite qu'ils m'avaient reconnu à l'instant même où j'étais entré dans leur barque, que cela ne leur avait pas été difficile, parce qu'ils avaient déjà conduit un autre Européen, il y avait tout au plus six ans, et que leur père, avant de mourir, leur avait recommandé sur ce point une grande discrétion; qu'au reste, nous n'avions rien à craindre, qu'ils étaient gens d'honneur et de probité; seulement ils nous conjuraient de ne point commettre d'imprudence; pour eux, ils seraient assidument aux aguets.

» Cet évènement qui devait avoir pour nous les plus graves résultats, et qui s'annonçait comme le premier anneau d'une longue chaîne de calamités, ne fut en définitive qu'une spéciale bénédiction de Dieu. Je gagnai, à être reconnu, l'avantage d'avoir de plus quatre sentinelles intéressées à ma sûreté, et de pouvoir en outre jouir d'une liberté plus grande. Nous demeurâmes douze jours sur cette barque, et ce commencement de mon voyage fut vraiment délicieux. Quand nous franchissions un défilé bien solitaire, rien ne m'empêchait d'entonner hautement des cantiques et de louer le Seigneur; quand je rencontrais quelque pagode sur mon passage, j'étais tout fier de railler le démon avec les paroles du roi-prophète et d'insulter à *ces idoles des nations, œuvres de la main des hommes.*

» La rivière de Canton ne m'a paru offrir sur ses bords rien de remarquable. Elle serpente et se traîne ordinairement à travers une longue chaîne de montagnes; et quand son lit, peu profond, n'est pas strictement encaissé dans de hautes roches taillées à pic, elle laisse de côté et d'autre, sur ses deux rives, des plaines plus ou moins étendues d'un sable fin et blanchâtre. Quelques champs de riz et de froment, de riches plantations de bambous et de saules pleureurs, beaucoup de collines élevées, la plupart décharnées et stériles, quelques-unes offrant pour toute parure, sur une légère couche de terre rouge, de rares bouquets de pins et une herbe courte, desséchée, que broutent nonchalamment de grands troupeaux de buffles; voilà ce qu'on rencontre le plus souvent en remontant son cours. En plusieurs endroits, on voit d'énormes masses de pierres calcaires qu'on dirait taillées de main d'homme depuis la base jusqu'au sommet, ou coupées en deux pour ouvrir un lit à la rivière. J'ai demandé aux Chinois d'où venaient ces singularités. Eux, ils ont trouvé la chose toute simple « C'est le grand empereur *Iao*, m'ont-ils dit, qui, aidé de son premier ministre *Chum*, a fait partager ces montagnes pour faciliter l'écoulement des eaux, après la grande inondation. » Vous savez, mon cher ami, que, d'après la chronologie chinoise, cette grande inondation correspond au temps du déluge de Noé.

» Une de ces rives qui s'élevait perpendiculairement, comme une muraille colossale faite d'un seul bloc, était enrichie par surcroît d'un phénomène que je fus longtemps à comprendre. A une grande hauteur, on voyait deux espèces de galeries creusées dans le rocher; sur ces galeries apparaissaient comme des figures humaines, qui semblaient se mouvoir parmi d'innombrables lumières; de temps en temps, des matières enflammées en descendaient et venaient s'éteindre dans le fleuve. Notre jonque approcha, et alors nous vîmes, amarrées au pied de la colline, une foule de petites nacelles remplies de passagers. Cet endroit n'était autre chose qu'un pélerinage du diable ; ceux qui venaient y pratiquer leurs superstitions passaient de leurs barques dans un souterrain, puis montaient par un escalier taillé dans l'intérieur de la montagne jusqu'aux galeries supérieures; là, se trouvent les idoles privilégiées, des morceaux de bois qu'on vient adorer de fort loin !

» Les pagodes sont presque les seuls édifices quelque peu élégants que j'aie rencontrés jusqu'ici ; j'ai aperçu des ponts d'une architecture imposante; il en est un surtout qui m'a frappé par ses gigantesques proportions ; il était tout en pierres de taille. Je n'en connais qu'un seul qui lui soit supérieur, c'est celui de Toulouse; ceux de Paris ne le valent pas. Aux environs des villes, on voit s'élever des tours de dix à douze étages. Toutes affectent la forme hexagone. Quelquefois les fenêtres sont percées en ogives, et si les angles et le couronnement n'étaient pas chargés de dragons volants et autres colifichets mythologiques, coulés en porcelaine où en faïence, je crois que plusieurs de ces tours pourraient rivaliser avec les clochers de nos belles églises du moyen-âge. Elles sont d'un effet pittoresque, surtout quand elles s'élancent du sommet d'une haute montagne. Personne n'habite ces monuments, si ce n'est les lézards et les oiseaux de proie ; leur unique destination, à ce qu'on m'a dit, est d'annoncer tout simplement que dans la ville voisine il y a des colléges, où l'on prépare des élèves au grade de bachelier. A part les quelques édifices que je viens de vous signaler, tout le reste est sale, noir, pauvre, misérable, enfumé, ouvert à tous les vents et comme tombant en ruines. Villes et villages, tout fait pitié.

» Il m'est aussi arrivé de faire connaissance avec les chemins publics de l'empire céleste. J'ai parcouru pendant une journée la route la plus fameuse du pays ; on l'appelle *voie impériale*, ce qui n'empêche pas qu'elle ne soit pitoyable ; elle est si étroite que trois hommes peuvent difficilement y marcher de front ; bien qu'elle soit pavée d'un bout à l'autre, ce travail a été exécuté d'une façon si irrégulière, avec des cailloux si pointus, que cela n'est pas, je vous assure, pour la plus grande commodité des piétons ; et remarquez, s'il vous plaît, qu'on ne rencontre ici que des piétons. Les seuls moyens de transport, pour les individus et pour les choses, ce sont les épaules humaines. La route est continuellement encombrée de Chinois qui vont et viennent chargés de fardeaux énormes, qu'ils portent toujours en courant. Ils sont tellement accoutumés à ce métier de mulet, qu'ils font d'ordinaire dix à douze lieues par jour, et cela sans relâche, n'ayant de repos que la nuit et durant la courte heure du repas. Les gens aisés peuvent louer à peu de frais des chaises à porteur.

» Le grand avantage que présentent les chemins chinois, c'est que d'un bout à l'autre, et presque sans interruption ils sont bordés d'hôtelleries, peu élégantes, il est vrai, mais suffisamment pourvues de ce qui est nécessaire à des voyageurs qui ne courent pas après le luxe et le confortable. Le plus souvent, ce sont de simples hangards où l'on peut se reposer et dormir sans délier la bourse.

» La route impériale, si chétive, comme je vous l'ai dit, reste en outre comme étrangère à la sollicitude du gouvernement. Nul ne paraît s'occuper des réparations qu'elle exige ; souvent elle a été tracée avec assez peu d'intelligence, quelquefois même sur un plan évidemment réprouvé par la disposition du sol. Quand elle n'est pas convenable, on passe à travers champs, et ici comme ailleurs, l'utilité publique prescrit sur le droit de propriété. En vertu, sans doute, du système de compensation, le champ à son tour ronge par ses empiètements le chemin de l'empereur.

» Sur le plateau d'une montagne ardue, haute et escarpée, s'élève une grande porte, espèce d'arc de triomphe qui fixe la limite de deux provinces, celle de Canton à laquelle j'allais dire adieu, et celle de Kian-Si qui forme avec le Che-Kian un vicariat apostolique récemment confié par le saint-siége à notre congrégation. Il est maintenant sous la direction de notre confrère Mgr. Rameaux, évêque de Myre. En posant le pied sur la terre de Kian-Si, j'éprouvai comme les émotions d'un exilé qui retrouve sa patrie. Je descendis le versant de la montagne jusqu'à une ville de second ordre, où je passai la nuit dans une auberge. Le lendemain, au jour naissant, je montai sur une jonque ; je suivis le courant d'une faible rivière qui coule parmi des collines plus boisées que celles de Canton ; enfin, après quatre jours d'une navigation lente et paresseuse, j'eus la joie d'aborder à une de nos missions et d'embrasser M. Peschaud, excellent confrère que j'avais déjà connu à Paris. Il y avait trois semaines, jour pour jour, que j'avais quitté

Macao. Les chrétiens d'alentour furent bientôt instruits de l'arrivée d'un père européen ; ils vinrent tous me saluer à la façon orientale, en me disant : Que Dieu vous protège !

» Je passai le dimanche au milieu d'eux, et j'y offris le saint sacrifice dans une chapelle bien pauvre, il est vrai, mais embellie par la ferveur de ces bons néophytes, par les prières qu'ils chantaient à deux chœurs durant la messe. Ces accords ne sont pas sans doute à la hauteur des savantes partitions de Rossini et de Meyerbeer, peut-être ne seraient-ils pas du goût des dilettanti et des virtuoses d'Europe ; mais pour moi, j'y trouve quelque chose de tendre et de pieux qui pénètre délicieusement l'âme. Les chrétiens ont la touchante coutume de se réunir dans leurs modestes oratoires pour chanter en commun la prière du matin et du soir. Le dimanche ces prières sont beaucoup plus multipliées et plus longues ; et à la chute du jour, on se rassemble encore pour chanter le rosaire en entier. Je vous assure, mon cher Victor, que j'ai passé de bien doux moments à écouter leurs cantiques. Le chant a quelque chose de mystérieux et de divin. On a dit que l'homme avait d'abord chanté et qu'il avait parlé ensuite. Quand la langue du premier homme fut déliée, ses paroles en effet dûrent être une hymne au Seigneur. Maintenant notre langue est devenue prosaïque par le péché. Mais, comme rien n'a été totalement perdu par la déchéance, comme tout doit se retrouver dans la voie de réconciliation, la prière chrétienne a dû garder un souvenir de ce langage primitif, qui nous sera rendu au ciel pour chanter l'*Alleluia* sans fin, le *Trisagion* éternel.

» Le lundi matin, après avoir dit la sainte messe, je me disposai à poursuivre ma course. Nos chrétiens vinrent me souhaiter un bon voyage. Les adieux qu'on fait au missionnaire prennent toujours le caractère grave et imposant d'une cérémonie religieuse; on se réunit dans la chapelle, on chante ensemble la prière du départ; le prêtre passe dans les rangs, asperge le peuple d'eau bénite; puis les fidèles s'avancent par petits groupes pour saluer le père à la manière chinoise; enfin le missionnaire bénit tout le troupeau, et après s'être mutuellement souhaité la protection du bon Dieu, on se sépare.

» A la ville voisine, nous louâmes une petite barque pour continuer notre route. Je vous ai mal parlé plus haut de la *voie impériale*, et pour réparer autant qu'il est en moi cette médisance, je dois ajouter que les fleuves, ces beaux chemins tracés par la Providence, sont en Chine un grand supplément aux routes artificielles. Quand on veut voyager ou transporter des marchandises d'un lieu à un autre, il est rare qu'on ne puisse le faire par eau. La navigation est plus ou moins accélérée selon qu'il faut remonter ou suivre le cours des rivières, selon que le vent est propice ou contraire. Tantôt c'est la voile qui se déploie, et alors on peut jouir d'un beau spectacle; comme le lit du fleuve est souvent creusé en zigzag et d'une manière assez capricieuse, on voit au loin, sans apercevoir les jonques, un grand nombre de hautes voiles de formes diverses qui paraissent se promener majestueusement sur la campagne et courir la cime des arbres; tantôt on abaisse la voile qui se plie sur elle-même comme un immense éventail, et l'on vogue à la rame. Souvent aussi les matelots se forment en attelage sur la rive et font avancer la barque au moyen d'une longue corde. Evidemment tout cela ne vaut pas les messageries et les bateaux à vapeur du beau pays de France.

» Quelquefois la navigation est d'une lenteur vraiment déplorable. Ainsi, dernièrement pour faire quarante lieues il m'a fallu perdre dix jours. Ici, on ne voyage point pendant la nuit; les voleurs en sont la cause; on redoute leur attaque, ce qui n'est assurément pas à la plus grande gloire de la police chinoise. Quand le jour commence à tomber, les jonques se réunissent par petits groupes, on jette l'ancre et puis dorme qui pourra. C'est alors que commence le vacarme. Pendant toute la nuit, on marque les veilles en frappant à coups redoublés, qui sur les *tam-tam*, qui sur les tambourins, qui sur de gros tubes de bambou. Le charivari devient insupportable, quand on a le triste honneur de se trouver auprès d'une barque mandarine. Il paraît de règle générale que les domestiques des hauts personnages se croient obligés en conscience de faire trois fois plus de bruit que les autres. Au demeurant, lorsqu'on ne va pas dans l'empire céleste précisément pour y chercher du bien-être, on ne se trouve pas mal dans les navires chinois; on y est couché sur le lit qu'on sait s'y faire; on y mange ce qu'on a préparé. Les matelots sont de braves gens qui ne se mêlent pas de vos affaires, et qui n'ont avec vous que les relations qu'il vous plaît d'avoir; on peut même y prier Dieu tout à son aise, et on y est fortement excité, quand on voit ces pauvres païens faire leurs inclinations au génie du fleuve, brûler le papier superstitieux et allumer les chandelles rouges. Chose bien remarquable! j'ai cru m'apercevoir que c'était toujours le plus jeune de la troupe, ou un enfant, s'il y en avait, qui était chargé du culte. Serait-ce que, même dans le paganisme, on reconnaît que la prière doit partir d'un cœur humble, simple et petit?

» Après trente-cinq jours de voyage, j'ai débarqué joyeux et bien portant à Kien-Tchang-Fou, d'où je vous écris cette lettre. Mon premier soin a été d'envoyer un exprès annoncer mon arrivée à M. Laribe, qui est actuellement en mission dans un district assez éloigné. Il y a déjà trois jours que je l'attends; j'aurais peut-être trouvé ce temps fort long et fort ennuyeux; mais j'ai eu le plaisir de causer avec vous, mon cher ami, et cela m'a beaucoup aidé à prendre patience. »

XXIV.

MARTYRE DE M. CORNAY,

MISSIONNAIRE AU TONG-KING.

Extrait de la relation écrite par M. A. X. Marette, missionnaire apostolique au Tong-King, et par M. Cornay lui-même.

« Jean-Charles Cornay était né à Loudun, diocèse de Poitiers, de Jean-Baptiste Cornay et de Françoise Mayaud, le 12 mars 1809. Ses parents, propriétaires aisés, sont de plus recommandables par une piété en quelque sorte héréditaire dans leur famille. Le jeune Cornay, appliqué à l'étude dès le bas-âge, commença ses classes au collége de Saumur, et les continua à celui de Montmorillon. Son esprit naturel, aidé d'une heureuse mémoire, lui procura de rapides succès. Se sentant appelé à l'état ecclésiastique, il entra au séminaire de Poitiers en 1827, en sortit sous-diacre en 1830, pour passer au séminaire des missions étrangères, à Paris, où l'appelait son zèle. Il n'était encore que diacre, n'ayant point l'âge nécessaire pour le sacerdoce, lorsqu'il s'embarqua pour la Chine le 17 septembre 1831. Il relâcha à Manille, et débarqua à Macao en mars 1832.

» M. Cornay était destiné pour la mission de Su-Tchuen, et c'était pour s'y rendre plus sûrement qu'il avait conçu le projet d'y pénétrer par la voie du Tong-King. Mais la Providence, admirable dans ses desseins, en ordonna autrement. Retenu par des circonstances imprévues dans le Tong-King, M. Cornay y fut ordonné prêtre le 20 avril 1834, par Mgr. Havard, vicaire apostolique, et se décida à se fixer dans ces contrées. Tout semblait cependant devoir l'éloigner : d'un côté le climat lui était contraire, de l'autre, Minh-Mênh, à l'occasion de la prise de M. Marchand, venait de promulguer un édit terrible contre tout missionnaire qui serait saisi sur les terres de sa juridiction.... « Cet édit, poursuit M. Marette, nous condamnait aux précautions les plus minutieuses; de plus, l'insalubrité du climat réduisit bientôt M. Cornay à un état de langueur habituelle, et des maux d'yeux fort violents vinrent encore agraver sa position. Il put néanmoins depuis son ordination célèbrer assez régulièrement la sainte Messe, administrer le baptême, entendre quelques centaines de confessions et visiter les malades du voisinage ; mais là se bornèrent ses courses apostoliques ; sa santé dépérissait de jour en jour. Réduit à être à peu près inutile à la mission, on lui conseilla de regagner l'Europe, et il en forma sérieusement le projet. Ce ne fut pas néanmoins sans que son cœur de missionnaire souffrît vivement d'être réduit à une telle extrémité ; dans sa douleur d'abandonner cette carrière de combats qu'il était venu chercher si loin, il conjurait le Seigneur de le retirer à lui, avant qu'il fût contraint de quitter la terre anamite.

» Les choses en étaient là, lorsqu'au mois de juin 1837, M. Cornay fut arrêté dans un village chrétien où il se croyait dans une complète sécurité..... Ce saint martyr a pu retracer lui-même les détails de tout ce qui fut fait à son égard presque jusqu'au moment de sa mort. Citons quelques fragments de cet intéressant récit.

» A l'instant où l'on vint m'avertir, dit M. Cornay, je partais pour célébrer la sainte Messe ; comme il n'y avait pas un moment à perdre, un chrétien me conduisit bien vite sous un épais buisson, où je me tapis comme je pus. Je n'avais plus, comme dans la montagne, la ressource des marais et des sentiers détournés pour me cacher ; il me fallut donc rester là, au milieu même du quartier général des soldats qui m'environnaient et dont j'entendais les moindres paroles ; toutefois, entouré de haies comme je l'étais, je ne pouvais être vu ni atteint.... On se mit à battre et à examiner tous les buissons du village. Le danger devenant plus pressant, je dis mon chapelet, et vous pouvez penser à quels mystères j'en appliquai les dizaines; vous pouvez imaginer aussi quel sacrifice j'avais offert le matin au lieu de la sainte-Messe, quelle méditation avait remplacé celle du jour. Ce ne fut cependant qu'à quatre heures du soir que les soldats parvinrent jusqu'à moi. Quand je vis pénétrer dans les buissons leurs longues lances armées d'un pied de fer, je ne songeai pas qu'il eût été préférable de me laisser percer sur la place, ce qui eût évité toutes les misères qui découlent des circonstances présentes; je sortis avant que le fer m'eût atteint, et me livrai à eux. Me voilà donc pris! On coupa une liane dans le buisson, et pendant qu'on m'attachait les bras derrière le dos, je m'offris à Jésus garrotté. Conduit devant les mandarins, je me mis à genoux et rendis mes hommages à Jésus crucifié et à la très-sainte Vierge, dont les images, saisies avec quelques autres effets avant mon arrestation, étaient suspendues derrière les mandarins; ils virent que mes yeux étaient fixés sur ces objets sacrés, et me les présentant, ils m'en demandèrent l'explication. Je leur fis sur-le-champ ma profession de foi par un signe de croix bien carrément formé et clairement prononcé.... Mais la proie était trop belle, continue M. Cornay, pour lui laisser la possibilité de s'évader, on s'empressa en conséquence de lui mettre la cangue au cou; cette cangue qui doit un jour, comme le disent dans leur lettre les membres des Conseils de la Propagation de la Foi, se changer pour nous en une auréole de gloire... Toutefois la cangue n'est pas au Tong-King ce qu'elle est en

Chine, une large table carrée, qui ôte toute communication des bras à la tête [1]; ce sont simplement deux longs morceaux de bois liés par quatre tringles, dont deux resserrent le cou et deux autres unissent les extrémités; celui qui la porte est donc encore assez libre dans ses mouvements. On garrotta aussi quarante individus, pour les tenir prêts aux corvées, lors du départ des troupes. Je voyais tout ce manége, et je plaignais ce pauvre peuple qui, trop faible pour recevoir ses malheurs avec reconnaissance de la main de Dieu, allait en déverser toute la faute sur moi et surtout sur mon confrère, M. Marette, qui m'avait placé dans ce village.

» Après une assez longue prière à genoux et exposé aux ardeurs du soleil au milieu du chemin, M. Cornay s'assit et s'ombragea d'un van, puis il répondit aux questions d'usage. Cependant la plupart des hommes du village en avaient été quittes pour différer leur déjeûner jusqu'à midi, et à cette heure les femmes et les

[1] La cangue chinoise est une espèce de table d'un bois épais, carrée, large de quatre à cinq pieds, pesant assez ordinairement de cent à deux cents livres; au milieu est un trou propre à recevoir le cou. Cette table est divisée par le milieu en deux parties qu'on unit avec des crochets de fer, quand le cou se trouve pris au milieu. De cette manière les épaules portent tout le poids. En cet état, les mains ne pouvant pas approcher de la bouche, le patient est obligé de gager quelqu'un pour le servir. Cette cangue reste nuit et jour. Et il y en a qui sont condamnés à la porter toute leur vie. Les uns, pour ne pas en être écrasés, la font suspendre, par le moyen de cordes, aux poutres de la prison, et dorment assis; d'autres appuient une des extrémités contre la muraille, l'autre à terre, et dorment ainsi à genoux. (Note des *Annales*).

enfants étaient venus leur apporter un repas frugal; mais quant à notre saint confrère, il fut contraint de pousser son jeûne jusqu'à cinq heures; alors, sur sa demande, le mandarin lui donna trois cuillerées de riz; c'est à quoi dut se borner sa réfection. « Avant le repas, dit-il, ainsi qu'après, j'offris mes actions de grâces à Dieu avec force signes de croix, et les assistants comprirent bien ce que c'était. »

» M. Cornay, quoique captif, avait le visage riant; il se mit même à chanter dans un livre de plain-chant, ce qui divertit fort les soldats, attirés par la nouveauté de nos airs, qui sont si différents des leurs. Cependant la fouille continuait avec activité, non pas qu'on espérât faire quelque autre capture considérable, mais parce que la prise de M. Cornay livrait le village à une sorte de pillage......

» Le colonel voulant, selon son plan médité, traiter M. Cornay comme un grand criminel d'état, avait ordonné dès la veille la construction d'une cage; celle-ci fut rapportée vers les huit heures du matin. « On m'ôta alors la cangue, dit le missionnaire, et j'entrai dans la cage, dont on lia fortement le dessus. Me voilà donc renfermé comme un loup, et à la merci de tout le monde; cependant je vis bientôt que cette cage était préférable à la cangue, qui commençait déjà à peser sur mes épaules encore inhabiles à la porter; là du moins je pouvais m'étendre et me mouvoir, sans avoir de fardeau; de plus, j'étais à l'abri des coups, qu'on distribuait à tout venant. Enfin quand la bête fut en cage, ses gardiens, la voyant en sûreté, s'apprivoisèrent.

» Dans cet intervalle, les officiers examinèrent nos effets saisis, et ne les traitèrent pas, comme on pense, avec la délicatesse d'un sacristain ; toutefois ils accordèrent à mes instances six volumes qui s'y trouvaient devant moi. Interrogé sur leur usage, je leur dis que c'étaient des livres de prières, et que je m'en servirais pour prier pour eux ; cette réponse leur fit plaisir. Le colonel me céda aussi un Christ qui était parmi les objets enlevés; et comme il me demandait ce que j'en ferais : « C'est pour le vénérer, lui répondis-je, et pour lui demander la force dont j'ai besoin dans ce moment. » Là-dessus, prenant le livre des Evangiles, j'expliquai ce trait de la Passion où il est dit que Notre-Seigneur parut devant Pilate; puis, ouvrant l'Imitation, je leur expliquai encore ce passage sur lequel je tombai : « Si vous vous réfugiez dans les blessures de Jésus, vous en ressentirez une grande force dans la tribulation, vous ferez peu de cas des mépris des hommes, et vous supporterez facilement leurs médisances. » J'y mis toute ma science, et à force de leur répéter ce que je disais mal, je vins à bout de me faire entendre.

» La cage dans laquelle j'étais porté n'était que provisoire ; elle était confectionnée avec des bambous, les quatre angles seuls étaient en bois. Je ne la croyais pas pesante, cependant huit hommes avaient peine à la porter. Comme les chemins n'étaient point proportionnés à sa largeur, sans cesse on était obligé de quitter les sentiers battus pour traverser les champs, et d'élargir les ouvertures des haies. Un soldat armé d'une verge frappait ces malheureux porteurs, et ne leur tenait aucun compte de la difficulté des routes. C'est ainsi qu'on traite le peuple au Tong-King; les coups sont le seul salaire des corvées auxquelles on l'assujettit.

» Enfin on arriva au lieu de la couchée. Les mandarins se retirèrent dans un temple, et la cage resta au bas. Ce fut ainsi que je passai ma seconde nuit en plein air. Heureusement le mandarin m'avait rendu ma couverture, un tapis d'autel et deux habits qui forment aujourd'hui encore toute ma garde-robe; je pus donc me préserver du froid. Dans cette nuit, les soldats m'apprirent que ce n'était pas moi qu'on cherchait, mais un rebelle; et que celui-ci s'étant enfui, on avait mis la main sur moi, parce que je m'étais trouvé là.

» Le jeudi 22 juin, le convoi s'achemina vers le gouvernement de la province, qui n'est qu'à six lieues de Bau-No. En route, M. Cornay priait, lisait, chantait et causait tour à tour; tout le monde vantait sa gaîté. Il raconte ainsi ce trajet: « On se remit en marche au point du jour. On était alors sur la grande route; cette route, qu'on n'appelle royale que parce qu'il n'y en a qu'une de ce genre au Tong-King, n'est cependant pas fort large; deux voitures de la dimension de la mienne y eussent été souvent embarrassées dans leur rencontre, sans compter que le chemin, coupé par de misérables ponts qui retardaient la marche, est rompu en plusieurs endroits. A tout instant mes porteurs étaient obligés de courir pour se mettre au train des soldats, sans pouvoir s'arrêter à boire un peu d'eau pour se rafraîchir. Quoi qu'il en soit, ma marche était en un sens fort pompeuse, environ cent cinquante soldats me précédaient, et autant me suivaient, avec des mandarins en filets surmontés de dais; ma cage, portée par huit hommes et ombragée à l'aide de mon tapis rouge, occupait le milieu; j'étais suivi de dix chrétiens arrêtés en même temps que moi, qui marchaient tristement, attachés ensemble par l'extrémité de leurs cangues. Sur la route, quantité de peuple accourait à la nouveauté du spectacle. Ce fut ainsi qu'on arriva au relai d'une préfecture. Je fus déposé devant un mandarin, qui, s'étant enquis des officiers, commença avant tout par me dire de chanter, parce que mon talent en ce genre était déjà renommé. J'eus beau m'excuser sur ce que j'étais à jeun, il fallut chanter. Je déroulai donc toute l'étendue de ma belle voix, desséchée par une espèce de jeûne de deux jours et demi, et leur chantai ce que je pus me rappeler des vieux cantiques de Montmorillon. Tous les soldats étaient à l'entour, et un peuple nombreux se fût précipité vers la cage, sans la verge en activité de service. Dès ce moment mon rôle changea; je devins un oiseau précieux par son beau ramage; après cela, on me donna à manger. Quelques moments après, je vis punir deux sous-officiers à qui deux soldats administrèrent quinze coups de verges; mais sachant bien à qui ils s'adressaient, ils ne faisaient qu'effleurer les habits: après s'être relevés et avoir salué (car ici lorsqu'on a été puni, il faut remercier ainsi son supérieur), les sous-officiers firent fonction de bourreaux à l'égard de deux soldats; cette fois, ce fut avec la dextérité de gens qui sont au fait de la chose. Les soldats s'étant relevés, le mandarin fit encore frapper de trois coups la place où ils s'étaient couchés ; la poussière vola, et l'on se remit en route.

» Assez à l'aise dans ma cage, je pus pendant le trajet considérer de près les soldats qui m'entouraient, et leur tenue. Ils ont des uniformes de gros drap d'Europe ; leur habit ne diffère pas pour la forme de ceux du peuple, mais les manches sont d'une couleur différente de celle du reste du corps ; les parements ressemblent assez à ceux des uniformes de nos pays ; des bandes et une ceinture d'une nuance tranchante viennent encore perfectionner la bigarrure. Leur coiffure consiste, comme celle des autres Anamites, en un turban, avec la seule différence qu'ils affublent par-dessus un petit chapeau pointu, fait comme un couvercle de casserole. Leur pantalon est si court, qu'il laisse à découvert leurs jambes et leurs pieds noirs ; impossible de rien imaginer de plus grotesque. De plus, comme ils sont couchés continuellement à terre tout habillés, leur malpropreté est extrême ; sans parler de la vermine dont ils sont couverts, leurs vêtements, pour la plupart, sont tout déchirés et raccommodés tant bien que mal avec toutes sortes de lambeaux. Enfin, sans tenue, ils ne gardent pas même de rang, et marchent à la débandade. Ils sont néanmoins distingués les uns des autres, moins par la couleur particulière à chaque bataillon ; que par l'armure. Ceux-ci ont un fusil avec baïonnette, ceux-là des piques de huit pieds armées d'un fer de six pouces ; d'autres portent des lances de six pieds, dont le fer, en forme de coutelas, a plus d'un pied de hauteur ; d'autres enfin n'ont que le sabre et le bouclier. J'imagine que quand ils sont en bataille, les fusils au moins sont séparés des autres armes; mais en route tout est pêle-mêle. Je sais qu'il n'existe point de cavalerie, et que les pièces de campagne sont portées à bras. Tel fut le cortége au milieu duquel je parvins au chef-lieu du gouvernement de la province de l'ouest, dite Doai, où j'avais passé déguisé en Chinois cinq ans auparavant; c'est un gouvernement général, qui comprend les deux provinces Hung et Tuyen.

» Un peuple immense accourait de toutes parts lorsqu'on m'introduisit au gouvernement. C'est comme un camp fortifié, presque de plain-pied et entouré de fossés; il sert à la fois d'hôtel aux mandarins, de tribunaux, de caserne, de prison et de greniers publics; le circuit peut en être d'une demi-lieue. Les remparts, élevés d'environ vingt pieds, sont construits en briques formées de grosses masses d'une terre qui se sèche au soleil et se durcit sans avoir besoin de cuisson; ces briques sont moins solides que les pierres, mais elles sont suffisantes, vu la faiblesse des moyens d'attaque dans ce pays. Les remparts sont, du reste, appuyés par des terrasses comme en Europe; l'intérieur de ce camp fortifié est divisé en plusieurs enceintes. Je fus déposé devant l'hôtel du gouverneur général. Ce gouverneur est un homme assez grand, d'environ cinquante ans, sans barbe et d'une belle figure, relevée par une blancheur peu ordinaire au Tong-King. Il vint gravement jeter quelques regards sur tout mon attirail, et se retira; puis il me fit dire que dans peu de jours je serais envoyé à la cour de Cochinchine, et remis à la discrétion du roi.

» Lorsque le gouverneur se fut éloigné, ma cage fut

entourée d'une foule d'enfants et de satellites des mandarins de la place. Je me composai de mon mieux, et refusant de répondre aux questions qui m'étaient adressées de toutes parts, je ne prononçai que ces mots : « Je n'ai pas peur. » Ces paroles furent répétées de bouche en bouche. « Non, n'ayez pas peur, me disaient-ils, nous ne voulons vous faire aucun mal; c'est la curiosité qui nous attire auprès de vous, nous n'avions jamais vu d'Européen. » Je me déridai enfin à l'approche de l'officier mon interrogateur, qui leur donna tous les renseignements qu'ils pouvaient désirer; celui-ci me força encore à chanter, pour prix de mon dîner; je chantai un couplet à la sainte Vierge.

» Bientôt parut la grande cage dans laquelle je devais définitivement habiter. Sorti de la première, j'eus les bras liés, et de plus je fus enchaîné. La chaîne qu'on m'apporta est triangulaire; elle me prend au cou par un anneau majeur et descend jusqu'au nombril, où elle se divise pour s'attacher au-dessous des deux jambes, par deux autres anneaux: les clous en sont rivés, en sorte qu'il n'y aura plus moyen d'ouvrir ma chaîne, que quand il me faudra mourir ou m'en aller en liberté, moyennant finance. Le poids de la chaîne ordinaire est de huit livres; quelquefois les criminels sont obligés d'en faire eux-mêmes les frais. Cette opération achevée, on me délia les bras et je pris possession de ma nouvelle cage, que l'on referma soigneusement. De même dimension que la première, cette cage est assez haute et assez large pour que je puisse facilement changer de position, mais elle n'est pas tout-à-fait assez longue pour la nuit. Elle est carrée, posée sur quatre pieds de six pouces d'élévation; sa longueur est de cinq pieds environ sur quatre de large, et autant de hauteur à l'intérieur. Elle a quatre bras qui la prennent au milieu et servent à la transporter; le dessous et le dessus sont en planches, les alentours garnis de barreaux en bois, croisés à la distance de six pouces les uns des autres. Depuis huit jours que je suis en cage, je suis déjà bien fatigué d'être toujours couché ou assis dans une si étroite circonférence; la nuit surtout je suis rompu par la dureté du bois; mais il faut bien souffrir, sans autre perspective qu'une augmentation de douleurs de jour en jour; telle est la volonté de Dieu; qu'elle s'accomplisse! »

» M. Cornay fut soumis le 20 juillet à un premier interrogatoire juridique, où il n'eut pour défense que son innocence; ayant seul à combattre contre un accusateur qui espérait se racheter au prix de son sang, contre deux misérables chrétiens pris avec lui, et qui, gagnés par les mandarins, le désignaient comme chef de révolte, contre une nuée de mandarins subalternes; contre plusieurs faux témoins, enfin contre l'intendant de justice, qui le menaçait des pinces rougies au feu et de le faire hâcher en morceaux, s'il persistait à nier le fait. Le 30 Juillet suivant, notre courageux martyr écrivait en ces termes :

« D'après les lettres reçues de mon confrère M. Marette, il paraît que je n'ai plus rien à espérer. On me fait craindre un second interrogatoire; je ne sais si je m'en tirerai sans effusion de sang, comme du premier; toutefois, mieux préparé au combat, j'aurai aussi plus de force pour souffrir. Je continue, du reste, à être gai, et à chanter les louanges de Dieu et de Marie. Le colonel, qui vient me voir souvent, m'a annoncé que si je n'avouais mon crime il me faudrait mourir, et me demandant si je pourrais encore chanter, je lui chantai sur-le-champ ce cantique : « La religion nous appelle, sachons vaincre, sachons mourir, etc. » J'ajoutai ensuite qu'alors même que je serais attaché au poteau, je chanterais s'il me l'ordonnait. Il ne put se défendre de témoigner son étonnement. Oui ! s'il me faut chanter à la dernière heure, me rappelant l'exemple des anciens martyrs, je chanterai pour la plus grande gloire de Dieu; Jésus, Marie, Joseph, seront mes dernières paroles.

» Vendredi 11 août, j'ai comparu pour mon second interrogatoire ; on m'a fait sortir de ma cage, j'ai été orné d'une énorme cangue qu'on a ferrée à neuf; puis, après quelques demandes sur ma prévention de rébellion, j'ai été traîné, étendu, mis à nu et lié. Chaque fois que je répondais : « Tout ce qu'on avance est calomnieux, » les coups de verges pleuvaient sur moi ; on revenait sans cesse à la charge, me menaçant tantôt d'être frappé jusqu'au soir, tantôt d'être soumis tous les jours à un semblable traitement jusqu'à ce que j'avouasse mon crime, puis on me promettait le pardon du moment où je me serais reconnu coupable ; mais on n'a rien obtenu de moi, et, après cinquante coups, on m'a délié. Quelque douloureuse qu'ait été cette question, la plus vive souffrance était celle que me causaient mes bras, liés vers les poignets et engourdis de plus par la cangue sur laquelle ils étaient tendus. Enfin on m'a traîné dans ma cage, et, en arrivant à ma prison, j'ai chanté le *Salve Regina*. Dites à mon servant, Kim, que je n'ai pas jeté un seul cri, ni poussé même de soupir qu'à la fin, lorsque mes bras me faisaient souffrir outre mesure. La nuit, le lendemain et la deuxième nuit, mes blessures me causaient des douleurs aiguës; à présent, huit jours après, les plaies sont en partie guéries; mais mon pied gauche, écorché par la corde qui le liait, est plus malade que le reste du corps. Je m'attendais à de nouveaux tourments le lendemain, selon les promesses que l'on m'avait faites; Jésus m'a épargné ce calice d'amertume. A présent, si ce n'était mon pied, je serais prêt à recommencer. Hier, le colonel est venu essayer par ses promesses de m'arracher un aveu; il n'a pas plus gagné que les autres par leurs menaces et leurs tortures. Adieu, je chante et surtout je prie Dieu plus qu'auparavant. »

» Je n'ai pas besoin de faire remarquer combien la question avec la verge est horrible; autrefois on donnait simplement la bastonnade, aujourd'hui on ne fait usage que de verges d'environ trois pieds de long, dont l'extrémité flexible est garnie de plomb pour augmenter la violence des coups. On peut quelquefois, en soudoyant l'exécuteur, l'engager à ménager un peu le patient; mais si le bourreau y emploie toute son adresse, la victime sort de là à demi-morte et le corps tout ensanglanté, car quelquefois la verge emporte des morceaux de chair. Je voudrais pouvoir ajouter quelques détails sur les interrogatoires qu'a subis M. Cornay; mais comme les audiences des tribunaux sont toujours secrètes, rien ne perce au dehors que ce que les parties intéressées peuvent dire à la dérobée. Après cela, s'étonnera-t-on si la justice anamite fait vivre ou mourir au gré de la cupidité ?...

Voici le billet que M. Cornay adressa à ses parents, après avoir subi la question :

« Mon cher père et ma chère mère,

» Mon sang a déjà coulé dans les tourments, et doit encore couler deux ou trois fois avant que j'aie les quatre membres et la tête coupés. La peine que vous ressentirez en apprenant ces détails m'a fait déjà verser des larmes ; mais aussi la pensée que je serai près de Dieu à intercéder pour vous, quand vous lirez cette lettre, m'a consolé et pour moi et pour vous. Ne plaignez pas le jour de ma mort, il sera le plus heureux de ma vie, puisqu'il mettra fin à mes souffrances et sera le commencement de mon bonheur. Mes tourments mêmes ne sont pas absolument cruels ; on ne me frappera pour la seconde fois que quand je serai guéri de mes premières blessures. Je ne serai point pincé, ni tiraillé, comme M. Marchand, et, en supposant qu'on me coupe les quatre membres, quatre hommes le feront en même temps et un cinquième me coupera la tête ; ainsi je n'aurai pas beaucoup à souffrir. Consolez-vous donc ; dans peu tout sera terminé, et je serai à vous attendre dans le ciel.

» Je suis, avec l'affection et le respect filial, mon cher père et ma chère mère, votre fils, J.-C. Cornay. — En cage, le 18 août 1837. »

« Qui n'admirera le courage et la piété filiale du martyr, qui, pour consoler ses parents, a le talent de pallier la douleur même des supplices? C'est une remarque, du reste, qui n'a échappé ici à personne; ce même homme, qui ne cessait naguère de parler de ses maux, soumis à une si rude épreuve, n'a presque pas poussé un soupir, il n'a pas même cessé d'être gai; l'effet de la grâce divine était sensible en lui.

» M. Cornay envoya aussi une lettre d'adieux à Mgr. l'évêque et à tous ses confrères de la mission; elle était accompagnée d'un petit billet pour sa grandeur, en forme de lettre d'indulgence des martyrs. En voici la traduction, l'original était en latin :

« Monseigneur, quoique ma recommandation ne mérite aucune attention, cependant j'ose, par mon titre de confesseur de la Foi dont le sang a déjà coulé, imiter les anciens martyrs qui accordaient aux tombés des lettres d'indulgence. Je prie donc votre grandeur d'oublier la faute de mon servant Kim, et de lui accorder le grade de catéchiste après qu'il aura récité les livres d'instruction d'usage. J'espère que, rentré en grâce comme l'enfant prodigue, il fera oublier le passé par une conduite désormais exemplaire. J'attends cette faveur de votre bonté. »

« Au dos de ce même billet était une petite exhortation à ce même servant qui, dans le fait, avait démérité, et un témoignage de l'affection et du souvenir paternel que lui portait M. Cornay.

» Je cite ce trait, en apparence assez minutieux, pour faire honneur au bon cœur du missionnaire, qui n'oubliait rien dans la position critique où il était. Sa recommandation eut, du reste, l'effet désiré.

» Nous étions dans l'attente du troisième et dernier interrogatoire, et de la sentence qui devait s'en suivre. Voici comment M. Cornay en rend compte :

« Mon cher confrère, je reçois, dans les douleurs d'une nouvelle torture, votre billet qui a failli être pris. Vous voulez absolument m'écrire, vous jouez le tout pour le tout. Je vous réponds, avec mes mauvais yeux, à la lueur d'une lampe placée à dix pieds de moi. Mon troisième interrogatoire a eu lieu aujourd'hui, mardi 29 août. Avant de me frapper on a voulu me faire fouler la croix, mais je me suis prosterné de mon long le visage sur la croix, puis je l'ai relevée, portée à ma bouche, d'où on me l'a arrachée. On m'épargne si peu, qu'on a usé trois verges la première fois sur mon corps. Les soixante-cinq coups que j'ai reçus cette fois-ci, avec une verge neuve, n'ont pas été moins douloureux. Après la question, rentré dans la cage, on m'a fait sortir le pied; croyant que c'était pour le pincer avec des tenailles, je l'ai alongé en l'offrant à Jésus-Christ; mais quand on l'a tenu, on a fait paraître la croix qu'on a appliquée dessous; un instant après on l'a ôtée, me demandant si j'y consentais : « Oh! non, bien sûr, ai-je répliqué. » Voilà le fait important à vous dire, de peur qu'on ne le dénature. »

» Ainsi donc, en deux fois, M. Cornay reçut cent quinze coups de verge. Quoiqu'il m'écrive aussitôt après la question, et qu'au ton de sa lettre il paraisse assez peu sensible à la douleur, il n'en est pas moins vrai, comme il nous l'apprend lui-même, que la question est affreuse; il souffrait alors au point qu'il ne pouvait manger, et qu'il pria de donner son repas aux pauvres.

» Dans un autre billet, il me demandait à quelle date tombaient les Quatre-Temps : « Car, rien me m'empêchant de jeûner, ajoutait-il, je fais les jeûnes d'obligation. Si je vis encore dans les premiers jours de froid, vous me feriez plaisir de m'envoyer des habits un peu plus chauds, et même mes vieilles chausses ne seraient pas superflues. Je chante toujours, en l'absence comme en présence du colonel, auquel il n'est pas nécessaire de faire mauvaise mine. Dès que la sentence aura paru, ne manquez pas de m'en informer.

» Si jusqu'ici je n'ai pas signé mes billets, c'est que je comptais toujours y ajouter, et que l'occasion me les arrachait ensuite à l'improviste. Je suis, avec reconnaissance, tout à vous en cette vie et en l'autre.

» J.-C. CORNAY, dans les fers. »

» Dans ma réponse j'eus soin de le prévenir qu'il irait célébrer la Toussaint au ciel, et que certainement il ne verrait pas le premier jour de l'année suivante. Tout annonçait, en effet, que la sentence allait être rendue... Le 6 septembre, le gouverneur général se fit apporter M. Cornay dans la cour de sa salle d'audience, comme pour instruire sa cause, mais en réalité pour l'endormir sur son pressant danger de mort. Je suppose que les mandarins, redoutant le pouvoir magique de l'Européen, car ils en sont à ce point de crédulité, craignirent l'effet de sa vengeance; tels furent sans doute les motifs qui les engagèrent à lui parler de sa délivrance prochaine, due à l'intérêt qu'ils lui portaient. Mais j'eus soin d'éclairer M. Cornay sur sa véritable position, par une lettre à laquelle il me répondit comme il suit :

Le jour de l'Exaltation de la sainte Croix

» *Lætatus sum in his quæ dicta sunt mihi : In domum Domini ibimus.* Je reçois, mon bien-aimé confrère, votre billet, dans lequel vous me dites que la paix n'est pas de ce monde. Si, en pensant que tout était terminé, je me suis livré à la joie, c'était dans la joie du Seigneur, uniquement en vue de sa gloire. Mais vous savez trop combien j'ai toujours désiré être délivré de ce corps de mort, pour croire que, malgré les différentes lueurs d'espérance, j'aie été un instant sans offrir ma vie au bon Dieu. Je ne compte guère sur la sentence du roi; et, supposé qu'on l'attende, elle ne changera rien sans doute, ou ne fera qu'aggraver le mal. *Consummatum est :* l'iniquité a consommé son astuce. Votre charité est parfaite en m'avertissant à temps, pour que je ne sois pas trop surpris par l'annonce de la mort; car elle ne tardera pas sans doute, si l'on craint que je ne me la donne moi-même.

» Que votre lettre soit donc la dernière; vous ne sauriez, d'ailleurs, plus rien avoir à me dire. Quant à moi, quoiqu'on paraisse m'observer avec moins de vigilance, dès qu'on recommencera à le faire ce sera avec tant de soin, que je ne pourrai plus vous écrire, même la nuit.

» Adieu, mon bien-aimé, adieu à tous mes confrères

et à notre digne évêque ; si j'ai pu quelquefois à mon insu et en quoi que ce soit, le contrister, je lui en demande pardon ; certes, je ne l'ai pas fait avec malice.

» Je désirerais bien que vous pussiez me procurer l'absolution ; mais si cela est impossible, ô mon Dieu, dis-je souvent : « Contrition pour confession, mon sang à la place de l'Extrême-Onction. » Je ne me sens la conscience chargée d'aucun péché grave ; pour cela, cependant, je ne suis pas justifié. Mais Marie m'obtiendra la contrition, et le sabre me fera l'onction.

» Déjà j'avais écrit ma confession au P. Thé ; mais, pour ne rien négliger, je l'ai refaite : confiez-la à celui que vous pourrez députer. Dites-lui que, quand il aura fait le signe convenu, il me suive pas à pas jusqu'à ce que tout soit fini. J'absoudrai moi-même mes compagnons, si je meurs avec eux. Adieu, adieu ! priez et offrez le saint sacrifice pour mon heureuse mort.

» Tout à vous en cette vie et en l'autre.

» J.-C. CORNAY, indigne soldat de J. C. »

» Tel fut le testament du martyr ; mais il ne me parvint qu'avec la nouvelle de sa mort.

» Le 20 septembre, mercredi des Quatre-Temps, étant jour de jeûne, M. Cornay attendit jusqu'à midi pour prendre son repas. Le catéchiste, qui avait ordre de demeurer près de lui, ayant dîné à son tour, se rendit à la chrétienté voisine, et laissa une seule religieuse pour prendre soin de ce qui pourrait arriver. Entre midi et une heure, on aperçoit un courrier à cheval portant un drapeau ; aussitôt un soldat chrétien, averti par le courrier même, informe la bonne religieuse qu'on va exécuter M. Cornay. Seule dans un moment si critique, elle se trouvait assez embarrassée; mais bientôt son parti est pris, elle dit à une vieille domestique de se charger de deux nattes, pour les étendre sous le martyr lors des apprêts du supplice, et court vers la prison. J'ignore ce qui se passa alors dans la forteresse; probablement qu'à la réception de la sanction royale, les mandarins s'assemblèrent, et qu'on intima l'arrêt au condamné.

» Sur les deux heures, paraît le convoi fatal. Il sort par la porte de derrière ou occidentale de la forteresse, longe le côté méridional, et vient aboutir à la grande rue. M. Cornay est seul dans sa cage, sans aucun de ses compagnons d'infortune. Trois cents soldats environ le précèdent; autour de lui sont les bourreaux, avec le sabre nu ou la hache à la main. En avant, on porte la planche où est écrite sa sentence; derrière, une cymbale rend de moment en moment quelques sons lugubres; enfin, le général qui doit présider à l'exécution ferme la marche; il est à cheval. La nouveauté du spectacle (car jamais Européen n'a été exécuté dans ce pays) attire une foule immense. Ceux des chrétiens du voisinage qui ont pu être prévenus accourent aussi en hâte, mais ils s'abstiennent de toute démonstration extérieure d'affliction. Pendant le circuit de la forteresse, le martyr chante; parvenu à la grande rue et pendant le reste du trajet, il lit des prières dans un livre. Chacun admire sa tranquillité, et sa grandeur d'âme étonne ces idolâtres, qui n'en comprennent point le motif. Le convoi étant sorti de la bourgade, quitte la route et dévie vers un champ voisin, choisi pour lieu de l'exécution ; le trajet avait duré vingt minutes. M. Cornay est déposé dans sa cage, au coin nord-est de la place où il va être immolé; les soldats forment le cercle et plantent leurs lances à terre; la foule s'agite derrière près des champs ensemencés, où elle est contenue par les soldats, qui tous sont armés d'une verge: l'officier présidant reste en dehors sur la route, avec le porte-voix et la cymbale; enfin l'écriteau où est inscrite la sentence est fixé non loin du martyr; on y lit ces mots :

« Le nommé Tan, dont le vrai nom est Cao-Lang-Ne (Cornay), du royaume de Phu-Lang-Sa (France), et de la ville de Loudun, est coupable comme chef de fausse secte, déguisé dans ce royaume, et comme chef de révolte. L'édit souverain ordonne qu'il soit haché en morceaux, et que sa tête, après avoir été exposée durant trois jours, soit jetée dans le fleuve. Que cette sentence exemplaire fasse impression partout ! Fin de l'inscription.

» Le 21 de la huitième lune de la dix-huitième année du règne de Minh-Mênh. »

» Cette peine, réservée aux seuls criminels d'état, est le dernier des supplices. Elle consiste à avoir d'abord les bras et les jambes coupés, puis la tête, et enfin le reste du corps fendu en quatre. Bien qu'ordinairement l'amputation des membres soit faite par plusieurs bourreaux, et à peu près en même temps, on comprend néanmoins quelles horribles souffrances il doit en résulter pour le patient. Comme missionnaire, et même comme simple Européen, M. Cornay était dévoué à la mort; mais, sans l'inculpation de révolte, jamais il n'eût été condamné à être haché par morceaux. Cependant la cage est ouverte par le haut à l'aide du sabre, et inclinée pour faciliter la sortie du prisonnier. Alors le martyr s'assied à terre, pour qu'on lui ôte ses fers. Il se rencontre que l'ouvrier de corvée est chrétien; celui-ci s'est vanté d'avoir ouvert si délicatement les trois anneaux rivés, que le Père ne dut pas s'en apercevoir; il ajoute que, sur sa demande d'un petit souvenir, le missionnaire s'arracha quelques cheveux et les lui donna. Puisse ce chrétien avoir part aux mérites du saint martyr! Cependant les bourreaux plantent en terre quatre piquets d'environ un pied, pour y attacher les pieds et les mains de la victime. La vieille servante se présente avec ses deux nattes; mais, sur la défense d'entrer dans le cercle, elle les remet aux bourreaux. Ceux-ci prennent encore la natte qui était dans la cage, puis en étendent deux, l'une à côté de l'autre, et la troisième par-dessus. Le vieux tapis d'autel, que le mandarin avait laissé jusque-là à M. Cornay, est aussi plié en quatre, et étendu sur les nattes. Tel est l'autel où sera immolée la victime.....

» On ordonne au martyr de se déshabiller; il est forcé d'ôter son pantalon, et de ne garder que sa chemise; alors il se prosterne de tout son long et à plat ventre sur le tapis. Cependant quatre bourreaux lui attachent les pieds et les mains aux quatre piquets; un cinquième consolide la tête à l'aide de deux autres piquets fixés à côté des tempes ; ceci, à la différence des indigènes, qui sont attachés par leurs longs cheveux à un seul piquet placé en avant. Les bras sont étendus en croix, mais les pieds sont presque réunis.

» Après ces préparatifs, qui ont pris environ vingt minutes, le porte-voix demande si tout est prêt ; et, sur la réponse affirmative, partie de toutes les bouches, il annonce aux bourreaux qu'aussitôt après le premier coup de cymbale, ils tranchent d'abord la tête, puis amputent les bras et les jambes, et fendent le tronc en quatre morceaux. Il ajoute que la tête sera exposée pendant trois jours, et le corps remis au chef du quartier. La décollation du martyr, avant tout, était une chose d'autant plus étonnante, qu'elle contrastait avec l'ordre royal que deux secrétaires tenaient en main sur la place même. Je ne puis expliquer autrement ce procédé, qu'en le rapportant à un reste de sentiment d'humanité de la part des mandarins. Au reste, nous devons d'autant plus les en louer que, parvenue aux oreilles du roi, la nouvelle de cet adoucissement de peine aurait suffi pour les compromettre gravement. J'ignore si la grâce dont il s'agit fut notifiée au martyr ; dans tous les cas, il était bien résigné à être haché tout vivant. Cependant les bourreaux se tiennent debout autour du patient, le sabre levé : le plus décidé est à la tête, au côté gauche ; trois autres sont placés au bras droit et aux pieds.

» La foule est dans une attente pénible ; tous les regards se fixent sur la victime. A peine la cymbale a-telle cessé de retentir, que le bourreau décolle d'un seul coup de sabre le saint martyr, dont la belle âme s'envole au ciel, le mercredi 20 septembre 1837, sur les trois heures après midi [1]..... »

XXV.

MARTYRE DE Mgr. DUMOULIN BORIE,

ÉLU ÉVÊQUE D'ACANTHE

ET VICAIRE APOSTOLIQUE DU TONG-KING OCCIDENTAL.

« Mgr. Pierre Dumoulin Borie naquit le 20 février 1808, à Cor, petit village du département de la Corrèze. Un oncle paternel, prêtre vénérable qui vit encore, et que la foi avait trouvé fidèle aux temps mauvais, se chargea de sa première éducation et développa les heureuses dispositions que le ciel avait mises dans son cœur. Une grande dévotion à Marie, une touchante charité envers les pauvres, et un zèle persévérant pour l'étude faisaient comme le fonds de son caractère. Ces vertus se fortifièrent avec l'âge et brillèrent avec éclat au collége de Beaulieu, où le jeune Borie étudia comme externe, sans cesser d'être sous la direction de son oncle. Souvent on le vit partager ses repas et même

[1] M. Cornay est mort à vingt-huit ans, six mois et huit jours. C'est le premier missionnaire français martyrisé au Tong-King, car tous ceux qui l'ont été avant lui appartenaient à différents royaumes de l'Europe.

ses habits avec ses chers pauvres. Dès ce temps, il aimait à se retirer dans la solitude pour y prier et s'affermir dans la résolution qu'il avait prise d'embrasser l'état ecclésiastique.

En 1826, il entra au grand séminaire de Tulle. Quoique sa conduite eût été jusque-là si exemplaire, ce fut encore pour lui comme une époque de conversion. Déjà il avait formé et manifesté le dessein de se consacrer aux missions étrangères ; vocation sublime dont il cherchait à se rendre digne par un détachement chaque jour plus parfait.

» Au commencement de sa troisième année de séminaire, il assista son père à ses derniers moments; il l'exhorta lui-même et eut la consolation de le voir mourir de la mort des justes.

» Enfin arriva le moment où il devait se séparer de tout ce qu'il aimait le plus sur la terre. Ni sa reconnaissance pour un oncle chéri, ni les larmes de sa pieuse mère, ni l'amour de deux frères encore en bas âge ne purent le retenir, quand la voix de Dieu se fut fait entendre. Le 6 octobre 1829, il arriva au séminaire des missions étrangères à Paris. Un seul mot fera juger de la fermeté qu'il avait su donner à son cœur naturellement si sensible : sur le point de se séparer de quelques confrères qu'il avait tendrement aimés, et qu'il n'espérait plus revoir en ce monde, il leur dit avec calme et en les embrassant pour la dernière fois : « Adieu, jusqu'au jour de la résurrection universelle ! »

» Son amour pour les souffrances et le désir qu'il avait du martyre se manifestèrent dans une opération très-douloureuse qu'il subit à cette époque. Une loupe lui était survenue au genou. Après avoir souffert longtemps en silence, la crainte que cette infirmité ne devînt un obstacle à son départ le détermina à en parler. Pendant l'amputation, non-seulement il ne voulut pas qu'on lui attachât les mains, mais il conserva toujours un air calme et riant et ne poussa pas le moindre cri. Le chirurgien lui ayant témoigné sa surprise de le voir si gai au milieu d'une opération si douloureuse, « Si par la suite, répondit M. Borie, je suis empalé par les infidèles, je souffrirai bien autrement. »

» Peu de temps après, on apprit qu'un vaisseau devait faire voile pour la Chine. M. Borie n'était encore que diacre, et il lui manquait seize mois pour avoir l'âge de la prêtrise. Une dispense fut demandée à Rome, et le 21 novembre 1830, fête de la Présentation, il fut ordonné à Bayeux. Le premier décembre, il quittait la France, et le 15 juillet 1831 il touchait à Macao. Enfin, à travers bien des dangers, il arriva au Tong-King le 15 mai 1832. La langue anamite lui offrit peu de difficultés; au bout de trois ou quatre mois d'étude, il fut à même d'entendre les confessions et de prêcher.

Son zèle s'exerça d'abord dans la province de Nghê-ân, puis dans celle de Bo-Chinh. Mais la persécution, qui allait toujours croissant, le força bientôt d'interrompre ses travaux apostoliques. Il dut prendre d'autant plus de précautions pour se soustraire aux recherches des mandarins, que sa haute stature le faisait plus facilement reconnaître. Ni les contrariétés sans nombre, ni les privations de toute espèce, ni les dangers sans cesse renaissants n'ont pu le dégoûter un instant de sa vocation; ses amis savent qu'il s'y affectionnait davantage, à mesure qu'elle appelait plus de maux sur sa tête. Il était dans les fers lorsqu'il apprit sa nomination à l'évêché d'Acanthe, et il est mort sans recevoir d'autre consécration que celle de son sang.

» Une lettre qu'il écrivait de sa prison à un confrère fera connaître de quel œil il envisageait le martyre auquel il était condamné.

« Quant à l'espoir de nous revoir en ce monde, il n'y faut plus penser. Le tigre dévore et ne lâche pas sa proie; et je vous avoue franchement que je serais désolé de manquer une si belle occasion..... Je vous supplie de dire pour moi les trois messes d'usage.... Près de paraître devant le tribunal du souverain Juge, les mérites de mon divin Sauveur me rassurent, et les prières des pieux associés de la propagation de la Foi raniment ma confiance..... Je n'ai aucun livre avec moi, et pour tout chapelet, j'ai une petite corde à laquelle j'ai fait des nœuds..... Je vous laisse tous entre les mains et sous la protection de Marie. »

Extrait d'une relation sur le martyre de MM. Dumoulin Borie, missionnaire apostolique, Diem et Khoa, prêtres anamites, écrite par Antoine Nam et Pierre Tu, leurs compagnons de prison (27 juin 1839).

« Depuis longtemps on était à la recherche de Mgr. Borie, lorsque la trahison le fit tomber entre les mains des persécuteurs [1]. Un nommé Tham, accusé de lui avoir donné asile, s'offrit à conduire les mandarins à la retraite que lui-même venait de choisir pour le missionnaire. La captivité ne fit rien perdre au saint confesseur de sa gaieté naturelle; au milieu de ses gardes, et tandis qu'on le menait en prison, il entonna un chant religieux. Cette joie, ce chant dont le mandarin ne pouvait comprendre le sujet, piquèrent sa curiosité; il en demanda l'explication à Mgr. Borie. Celui-ci répondit à sa demande par une instruction sur la vanité des plaisirs de ce monde, qu'il comparait à une ombre vaine et fugitive. Toutes ses paroles étaient empreintes d'une noble assurance; la seule chose qu'il parut craindre était qu'on ne maltraitât le peuple à son sujet. Il pria plusieurs fois les mandarins de ne pas envelopper les villages chrétiens dans sa disgrâce, leur rappelant qu'ils devaient être les pères de ceux que le roi plaçait sous leur autorité.

» Le bruit de son arrestation s'étant répandu, Pierre Tu, son élève, accourut sur la voie publique, et se mit à pleurer en voyant passer son maître enchaîné. Ses sanglots éveillèrent l'attention des gardes qui l'arrêtèrent et le conduisirent à l'officier. Ils en furent sévèrement blâmés, non-seulement parce qu'ils avaient agi sans son ordre, mais encore parce que la jeunesse du catéchiste faisait craindre qu'il ne compromît un grand nombre de personnes par ses aveux. On allait donc lui

[1] Mgr. Borie reçut dans les fers la nouvelle de son élection à l'évêché d'Acanthe, comme successeur de Mgr. Havard, autre victime de la même persécution.

rendre la liberté, s'il ne se fût obstiné à vouloir partager le sort de son maître. Avant d'acquiescer à ses vœux, le mandarin demanda à Mgr. Borie si l'on pouvait compter sur le courage de ce jeune homme. « Je le crois bon et simple, fut-il répondu; je puis le garder avec moi. » Le disciple, comme le maître, fut donc mis à la cangue, et on les conduisit ensemble à la prison du district. Ils y trouvèrent, entr'autres confesseurs, les Pères Diem et Khoa, prêtres indigènes, et Antoine Nam, catéchiste.

» Le moment était venu où Mgr. Borie devait être présenté à l'audience du mandarin. Il sut répondre à tout sans compromettre personne. Non-seulement il refusa de nommer ceux qui lui avaient donné l'hospitalité, mais il atténua les aveux imprudents de quelques chrétiens, et raffermit dans leurs bonnes résolutions ceux dont le courage semblait prêt à défaillir. « Vous ne voulez rien révéler à présent, lui dit alors le secrétaire Thong, en lui croisant les mains derrière le dos; mais conduit à la préfecture et frappé avec des verges de fer qui mettront votre chair en lambeaux, pourrez-vous encore garder le silence? — Alors je verrai ce que j'aurai à faire, répondit le missionnaire; je n'ose me flatter avant l'épreuve.

» Dans les fers, Mgr. Borie passait les journées à chanter, avec ses compagnons de prison, des cantiques, des hymnes et des psaumes. Ceux des mandarins qui désiraient le questionner sur la religion et les devoirs qu'elle impose, le trouvaient toujours disposé à leur répondre et à résoudre leurs difficultés; mais s'il leur arrivait de laisser échapper, dans ces entretiens, quelque expression indécente, il refusait aussitôt de parler. Un jour le mandarin Bo, qui se disposait à le faire frapper, voulut préluder aux coups par des imprécations et des paroles obscènes. Le missionnaire indigné ne craignit pas de lui dire : « Mettez plutôt ma chair en sang, déchirez-moi tant qu'il vous plaira, mais au moins cessez de tenir de semblables propos ! » Allait le voir qui voulait, et le nombre des visiteurs était grand. C'était à qui pourrait l'entendre discourir sur les obligations du chrétien. Il profitait de cet empressement pour annoncer Jésus-Christ avec une sainte liberté. L'affection extraordinaire qu'il montrait au peuple, la joie qui brillait constamment sur son visage, bien qu'une lourde cangue pesât sur ses épaules, excitaient parmi les païens une admiration universelle. On les entendait se dire les uns aux autres : Ce maître a vraiment un cœur fait pour enseigner la religion; si par la suite il veut nous instruire, nous embrasserons sa doctrine. Depuis ce moment les chrétiens des environs ne furent plus inquiétés; on peut dire que l'arrestation du pasteur fut le salut du troupeau.

» Les accusés ne tardèrent pas à être transférés à la préfecture. Partout sur son passage, Mgr. Borie reçut les témoignages les plus touchants de l'affection que lui portaient nos chrétiens. Ils accouraient en foule sur la route, le suivaient en pleurant, et quand il fallait passer des rivières, comme les mandarins s'opposaient à ce qu'on leur prêtât des barques, on en vit se jeter dans l'eau jusqu'au cou, et s'exposer à périr pour accompagner plus longtemps le missionnaire. A son arrivée à la préfecture, on lui accorda un jour de repos, et dès le lendemain il fut interrogé par le juge criminel. « Quel est votre âge? quel vaisseau vous a apporté d'Europe en Cochinchine ? depuis quand êtes-vous dans ce pays ? quels lieux avez-vous habités ? — J'ai trente ans et six mois; je suis venu au Tong-King sur la barque d'un grand mandarin; j'ai visité presque tous les lieux de la province, depuis cinq ou six ans que j'y réside; peu importe le nom de ces endroits. Je suis venu ici seul. Maintenant que je suis arrêté, je ne me plains pas de mon sort; mais le peuple est toujours la famille du grand mandarin; je vous supplie de le traiter avec indulgence, et de rendre le calme aux chrétiens de Binch-Chanh, qui sont plongés dans la consternation depuis qu'on m'a pris au milieu d'eux. — Nous sommes, en effet, pleins de commisération pour le peuple, et d'intérêt pour vous; car vous n'êtes pas un voleur de grand chemin, et on ne vous reproche que votre foi; néanmoins, l'ordre du roi nous oblige de vous mettre à la question. — Je le sais, répondit Mgr. Borie. » Aussitôt les soldats plantèrent des pieux en terre; ses pieds et ses mains y furent attachés, on plaça une tuile sous son ventre, une autre sous son menton, et on le frappa de trente coups de verges. Pendant les vingt premiers il ne poussa pas un seul soupir, quoique le sang ruisselât de sa chair en lambeaux; ce n'est qu'aux dix derniers qu'il fit entendre quelques gémissements. Tant que dura cette cruelle flagellation, on remarqua qu'il tenait son mouchoir dans sa bouche. — C'est assez, dit le mandarin aux exécuteurs, nous perdons notre temps à le frapper. » Puis, s'adressant au missionnaire, il lui demanda s'il éprouvait quelque douleur. « Je suis de chair et d'os comme les autres, répondit-il, pourquoi serais-je exempt de douleur ? mais n'importe, avant comme après la torture, je suis également content. »

» Le courage d'un Européen, quoique mis à la question, est inébranlable, disaient entr'eux les mandarins témoins de tant de fermeté. Venons maintenant à son élève Tu; les coups en obtiendront quelque aveu. » Il en reçut en effet cent dix en quatre différentes questions : trente à la première; même nombre, trois jours après, lorsque ses plaies commençaient à se cicatriser; cette fois il ne resta plus sur la partie frappée aucun vestige de chair humaine. Onze jours étaient à peine écoulés qu'on lui asséna encore trente nouveaux coups; enfin, peu après, une dernière bastonnade mit le comble à ses souffrances, sans que sa vertu se démentît un instant. Aussi les mandarins étonnés ne purent-ils refuser des éloges à sa constance. Ce jeune homme, disaient-ils, se disposait sans doute à être un jour chef de la religion, et il était capable de le devenir. Après Dieu, il fut redevable de cette force à l'exemple et aux leçons de son maître. Celui-ci, avant qu'on les transférât à la préfecture, avait déchiré son mouchoir en deux parties et en avait donné une à Pierre Tu, en lui disant : « Si tu veux me suivre, il faut t'armer de courage; garde-toi de faire aucune révélation qui puisse compromettre personne ! » Mgr. Borie fut encore plusieurs fois mis à la question, mais toujours sans succès. Le juge déconcerté lui demanda un jour pourquoi il s'obstinait à se taire. « En Europe, répondit-il, lorsqu'un accusé comparait devant ses juges, on l'interroge et on lui fait son procès selon les lois du pays. S'il est trouvé coupable, on le condamne, et il présente sa tête à l'exécuteur; mais on ne l'assomme pas de coups de bâton pour en extorquer des aveux : de tels traitements ne sont bons que pour les brutes. Voilà pourquoi je refuse de parler. — Mais supposons que le roi vous mande à la capitale; là, un grand feu est allumé, les tenailles sont rougies, et votre chair arrachée par lambeaux; pourrez-vous l'endurer et vous taire? — Quand le roi me mandera, je verrai; je n'ose présumer de moi-même à l'avance.

» Pendant toute cette procédure, Mgr. Borie fut traité avec assez d'égards par le mandarin criminel et par le mandarin militaire. Seul, le mandarin Bo, intendant de la province, se montra constamment brutal et emporté. Enfin tous trois se réunirent pour porter contre les saints confesseurs une sentence capitale. Le 9 novembre, elle fut envoyée à la cour de Huê, et le 24 du même mois, tandis que les prisonniers chrétiens prenaient leur léger repas dans la joie du Seigneur, arriva la ratification du jugement qui condamnait Mgr. Borie à avoir la tête tranchée, les deux prêtres à être étranglés, et les deux autres confesseurs à attendre dans les fers qu'il plût au tyran de fixer le jour de leur supplice. Aussitôt le mandarin criminel ordonna au geôlier de faire cuire une poule pour les trois pères.

C'est l'usage du pays de régaler ceux qu'on va mettre à mort. Comme c'était un samedi, et qu'ils jeûnaient tous les trois, Mgr. Borie répondit qu'ils ne mangeaient pas de viande ce jour-là; que néanmoins pour plaire au mandarin criminel, ils boiraient un peu de vin. Alors tous les autres prisonniers se levèrent pour saluer une dernière fois les saints martyrs. Mgr. Borie n'oublia pas son jeune élève. Avant de quitter la prison il le confia à Chu-Nam, en disant : « Je pensais que nous irions tous ensemble au supplice; mais puisqu'il en est autrement, je déclare que j'adopte ce jeune homme pour mon fils; ainsi toute l'affection que vous avez eue pour moi, je vous prie de la reporter sur mon cher enfant. »

» Tous les prisonniers fondaient en larmes, et ce fut au milieu des sanglots que se firent nos derniers adieux. Le mandarin nous laissa donner pendant quelques instants un libre cours à notre douleur; puis il lut aux condamnés leur sentence, et leur exprima ses regrets de ne pouvoir différer d'un jour leur exécution, afin de leur préparer un festin. Alors Mgr. Borie se leva et lui dit : « Depuis mon enfance je ne me suis encore prosterné devant personne; maintenant je remercie le grand mandarin de la faveur qu'il m'a procurée, et je lui en témoigne ma reconnaissance par cette prostration. » Mais l'officier l'empêcha de se jeter à ses pieds, et se mit à pleurer comme les autres. Les pères Diem et Khoa firent à leur tour les mêmes remerciements, et on partit pour le lieu du supplice.

» Mgr. Borie marchait à grands pas, et se retournait

de temps à autre pour voir si les deux pères pouvaient le suivre. Tous les trois montraient une figure rayonnante d'une sainte joie. Chemin faisant, le missionnaire saluait tous ceux qu'il connaissait et leur souhaitait la paix. Le mandarin Bo fut un de ceux qui se rencontrèrent sur son passage ; il fit faire halte au cortège, et demanda au prêtre européen si à cette heure il craignait enfin la mort. « Je ne suis point un rebelle, ni un brigand pour la craindre, répondit le martyr, je ne crains que Dieu. Aujourd'hui c'est à moi à mourir, demain ce sera le tour d'un autre. — Quelle insolence ! dit le mandarin, en lançant une imprécation : qu'on le soufflette ; » et il s'éloigna. Les soldats ne tinrent pas compte de son ordre. Arrivé sur le lieu de l'exécution, Mgr. Borie fit appeler un des écrivains et le chargea de dire au mandarin Bo que, si sa réponse avait pu l'offenser, il lui en demandait pardon.

» Sur le lieu désigné pour le dernier supplice, six nattes avaient été étendues d'avance par un chrétien : les trois martyrs s'y agenouillèrent et prièrent quelque temps, le visage tourné vers l'Europe. La prière terminée, un serrurier brisa le fer qui réunissait les deux parties de leurs cangues. On fit coucher les pères Diem et Khoa à plat ventre pour être étranglés. Monseigneur était assis, les jambes croisées, son habit replié jusque au-dessous des épaules. Alors le mandarin prit son porte-voix, et donna pour signal qu'au troisième coup de cymbale les exécuteurs fissent leur devoir. Le supplice des deux prêtres anamites fut prompt, celui de Mgr. Borie fut affreux. L'exécuteur à demi-ivre ne savait presque pas ce qu'il faisait; son premier coup de sabre porta sur l'oreille du martyr et descendit jusqu'à la machoire; le second enleva le haut des épaules et le replia sur le cou; le troisième fut mieux dirigé, mais il ne sépara point encore la tête du tronc. A cette vue le mandarin criminel recula d'horreur. Il fallut y revenir jusqu'à sept fois avant d'achever cette œuvre de sang, pendant laquelle le saint prêtre ne poussa pas un seul cri ! En punition de sa maladresse, le bourreau fut condamné à recevoir quarante coups de rotin. Aussitôt après l'exécution, chrétiens et païens, mandarins et soldats se jetèrent à l'envi sur les dépouilles des saints martyrs, et se les disputèrent comme autant de trésors. Quelques fidèles réclamèrent et obtinrent la permission de leur donner la sépulture. On dit qu'actuellement les païens vont sur leurs tombes offrir des sacrifices comme à des génies tutélaires.

» Nous avons tâché d'écrire d'une manière véridique ce qui s'est passé depuis l'arrestation de Mgr. Borie jusqu'à son dernier moment, afin de prévenir tout récit exagéré, ou fabuleux, toute tradition orale peu exacte. Nous prions ceux qui liront cette notice de prier pour nous, qui sommes des pécheurs. »

—

XXVI.

SOINS DE LA PROVIDENCE

ENVERS SES ÉLUS.

Fragment d'une lettre de M. Perboyre.

«...... En Chine, comme ailleurs, le prêtre est souvent à même de remarquer les soins de la providence envers ses élus, surtout lorsqu'il s'agit du passage de l'éternité. En voici un trait frappant : L'année dernière, comme j'allais à Pren-Leang visiter les fidèles de cette capitale du Honan, j'engageai un prêtre indigène, qui m'accompagnait, à passer par une bourgade où fleurissait jadis une chrétienté nombreuse, afin de voir si l'Evangile pourrait encore y être prêché avec succès. Il n'eut pas à regretter ce que cette course lui coûta de fatigues. Un bon vieillard, dont la foi s'était toujours conservée pure, semblait l'attendre pour rendre en paix son âme à Dieu. Il se confessa avec tous les sentiments que devait inspirer une grâce si précieuse et si inespérée, et mourut deux jours après. On pourrait citer beaucoup de traits semblables. Je me bornerai à rapporter le suivant, qui n'est pas moins avéré que merveilleux. Il y a cinquante à soixante ans, le père Lamade, de la Compagnie de Jésus, mourut dans un district voisin de celui que je dirige, chez des chrétiens qui n'osèrent l'enterrer, retenus qu'ils étaient par la crainte de se compromettre en donnant la sépulture à un étranger, et surtout à un Européen. Alors une famille d'une bourgade peu éloignée vint réclamer, à titre de parenté, le vénérable défunt, et l'emporta chez elle pour l'ensevelir en secret. Mais il plut à Dieu de révéler ce que les hommes tenaient tant à cacher; car pendant les funérailles les païens entendirent une ravissante musique dans les airs, prodige qui détermina la conversion de deux familles idolâtres. Un missionnaire et son catéchiste, qui pendant plusieurs années ont visité les chrétientés dont je parle, m'ont assuré tenir ce fait de la bouche même des personnes converties à cette occasion. Ainsi Notre-Seigneur a-t-il toujours soin de ceux qui abandonnent tout pour sa gloire; c'est lorsqu'ils sont le plus délaissés des hommes, au moment de la mort surtout, qu'il leur rend au-delà du centuple promis. »

XXVII.

MARTYRE DE M. PERBOYRE.

Lettre de M. Huc, missionnaire apostolique, à M. Sarrans.

Macao, le 27 janvier 1841.

« ..... Après le blocus et l'incendie de Kouanintang, village où Mgr. Rameaux, et MM. Baldus, Clauzetto et

Perboyre se trouvaient réunis, quand les mandarins vinrent en faire la visite, la situation de ces missionnaires ne fut plus que peines et dangers. En butte aux investigations les plus actives, ils n'osaient demander l'hospitalité ni aux païens qui les auraient trahis, ni aux chrétiens qu'ils craignaient de compromettre; il leur fallait donc tour-à-tour chercher la solitude au sommet des hautes montagnes, se mêler à la foule dans les villes populeuses, parcourir les hameaux écartés et quelquefois se blottir dans quelque jonque de pêcheur. M. Perboyre dut souffrir plus que tout autre de ces marches et contre-marches; car il était d'une santé bien frêle. Le troisième jour après sa fuite de Kouanintang, il était épuisé de fatigue et ses forces l'abandonnaient. Cependant les satellites étaient sur ses traces, et pour se dérober à leurs recherches il devait encore gravir un terrain montueux et coupé de gorges profondes. Tandis qu'il reprenait haleine au fond d'un ravin avec le catéchumène qui lui servait de guide, survinrent les soldats qui, sans se douter qu'ils avaient un missionnaire sous les yeux, se contentèrent de demander aux pauvres fugitifs quelques informations. « Nous cherchons un Européen, dirent-ils, pourriez-vous nous en donner des nouvelles? — Vous cherchez un Européen, reprit le catéchumène? — Oui; c'est un chef de la religion du Maître du ciel. — Et combien a-t-on promis à celui qui le livrerait? — Trente taels seront sa récompense. — Eh bien, cet homme est l'Européen que vous cherchez, dit le Judas chinois en montrant le prêtre qui lui avait confié sa vie. » Vous voyez, mon cher ami, qu'à ce honteux marché il ne manquait que le baiser du traitre. M. Perboyre a eu le bonheur de voir sa passion commencer comme celle de notre divin Sauveur; pour lui il s'est encore rencontré un Iscariote qui a vendu son maître trente deniers. *Quid vultis mihi dare, et ego vobis eum tradam? At illi constituerunt ei trigenta argenteos* [1].

» Tandis qu'on entraînait le saint confesseur, chargé de chaînes, vers les prisons de Kou-Tchen, la chrétienté du Houpé était en proie à la plus violente persécution. Ce malheureux pays fut livré à la cruelle rapacité des mandarins, des satellites et de tous ceux qui ne reculent devant aucune infamie pour se procurer de l'argent; et il faut avouer qu'en Chine il ne manque pas de gens qui se plongent volontiers dans le sang et dans la boue, pourvu qu'au fond il y ait de l'or. Les fidèles se virent donc harcelés par une foule de païens qui cherchaient à exploiter leur peur. Grand nombre d'entre eux, redoutant une épreuve peut-être au-dessus de leurs forces, abandonnaient toute leur fortune et s'en allaient bien loin, dans des régions reculées, chercher un abri contre la persécution. Ainsi on voyait des familles entières se condamner à l'indigence et entreprendre avec résolution de longs voyages, pour fuir une terre où il ne leur était plus permis d'adorer le Seigneur en esprit et en vérité.

» M. Perboyre arriva enfin de tribunaux en tribunaux à celui de Ou-Tchan-Fou, métropole de la province.

[1] Que voulez-vous me donner? et je vous le livrerai. Et ils lui offrirent trente pièces d'argent. S. Matth. 26, 15.

Depuis longtemps il était entré dans sa carrière de tribulations; mais on peut dire que c'est là qu'il commença sa longue et douloureuse agonie. Dans cette ville, il eut à subir plus de vingt interrogatoires, tous accompagnés de tortures atroces. L'interpellait-on sur sa foi, il se hâtait de répondre : « Je suis chrétien; » le pressait-on de nommer ses confrères, il gardait un silence absolu; alors on le flagellait, on le souffletait; à chaque question laissée sans réponse, le mandarin jetait sur le pavé de la salle un certain nombre de jetons, et aussitôt un nombre égal de coups de rotin était asséné par les satellites sur le corps tout sanglant du martyr. Vous savez comment il couvrit de ses baisers et arrosa de ses larmes l'image du Sauveur qu'on lui proposait d'outrager. Le mandarin, espérant obtenir pour ses dieux les mêmes démonstrations de respect, fit apporter une idole et commanda au saint prêtre de se prosterner devant elle. « Volontiers je lui abattrais la tête, répondit le prisonnier avec énergie; mais l'adorer, jamais ! » C'était aux yeux du mandarin plus qu'une désobéissance, il y vit un sacrilége, et voici quel supplice il inventa pour venger à la fois son orgueil et ses dieux. Il y avait dans la salle un certain nombre de chrétiens connus : le juge leur ordonna de se saisir de M. Perboyre et de lui arracher les cheveux et la barbe en signe de mépris et d'ignominie. Ces chrétiens hésitaient; on les menaça de la flagellation. Mais le bon père se hâta de prévenir leur châtiment, en les exhortant lui-même à obéir : « Venez, leur disait-il avec un visage riant; le mal qu'on vous force à me faire, je le supporterai avec plaisir. Je souffrirais bien davantage si, à cause de moi, on vous frappait sous mes yeux. » Il ne réussit que trop à les persuader, et ces malheureux néophytes lui arrachèrent les cheveux et la barbe.

» Après avoir torturé M. Perboyre pendant quatre mois entiers, le vice-roi, ennuyé de voir qu'il s'épuisait en barbaries inutiles, lui fit imprimer au visage, avec un fer rouge, les quatre caractères suivants : *Sie Kiao ho tchoun*, c'est-à-dire, *Propagateur d'une religion mauvaise*, et l'enferma, défiguré par cette flétrissure, dans une prison fétide avec une foule de scélérats. Il vivait là, ou plutôt c'est là qu'il mourait tous les jours, accablé de misère et confondu avec des criminels de toute espèce. Ces hommes pourtant, malgré leur dégradation, finirent par être saisis d'une vénération profonde pour le serviteur du Maître du ciel ; ils le regardaient comme un personnage extraordinaire qui, ne devant ses malheurs qu'à sa vertu, avait droit au respect des plus pervers. De leur côté, les chrétiens lui donnèrent les marques les plus vives d'attachement ; ils achetèrent plusieurs fois des geôliers la faveur de pénétrer jusqu'à lui. Il fut aussi visité par un de nos prêtres chinois, et c'est par son entremise que nous avons eu le bonheur de recevoir les lignes précieuses que le saint martyr a tracées à grand'peine au fond de son cachot; en voici la traduction.

« Le temps et le lieu ne me permettent pas d'entrer » dans de longs détails ; d'autres pourront vous en dire » davantage. Arrivé à Cou-tcheng, où je n'ai eu con- » stamment qu'à me louer des bons traitements de Tche-

» Hien, j'ai subi deux interrogatoires ; quatre épreuves » semblables m'attendaient à Siang-Yang-Fou. A l'une » d'elles, je suis resté pendant une demi-journée à » genoux sur des chaînes de fer. J'étais maintenu dans » cette position au moyen de fortes cordes qui me te- » naient suspendu par les pouces et par les cheveux, » de manière pourtant que tout le poids de mon corps » portât sur mes jambes nues. Dans la ville de Ou- » tchang-Fou j'ai comparu plus de vingt fois devant le » mandarin, et presque toujours j'ai été mis à diverses » tortures, parce que je ne voulais pas révéler ce que » les juges désiraient savoir (si j'avais fait ces révéla- » tions, la persécution se fût bientôt étendue à toutes » les provinces de l'empire). Toutefois, quand j'ai souf- » fert à Siang-Yang-Fou, c'était directement à cause » de la religion. A Ou-tchang-Fou j'ai reçu cent dix » coups de rotin pour n'avoir pas voulu fouler aux pieds » la croix. Plus tard vous apprendrez le reste. Sur vingt » chrétiens arrêtés depuis peu, les deux tiers ont pu- » bliquement apostasié. »

» Tout exténué que fût M. Perboyre, il était encore pour les mandarins un grand sujet de peur. Convaincus qu'ils avaient à faire à un habile magicien, ils s'attendaient d'un moment à l'autre à ce qu'il leur jouât quelque mauvais tour. C'est pour neutraliser sa science et en prévenir les effets redoutés, qu'ils eurent recours aux docteurs en médecine, qui firent souvent avaler, comme antidote, à notre pauvre confrère des flots de sang de chien, tout chaud et tout fumant.

» Enfin, le 11 septembre 1840, arriva à Ou-Tchang-

Fou le décret impérial qui condamnait le saint missionnaire à être étranglé sur-le-champ. La sentence ne fut pas rendue publique, on l'exécuta à la hâte et comme à la dérobée. En allant au supplice, M. Perboyre avait pour tout vêtement un caleçon recouvert de la robe rouge des condamnés; ses bras étaient liés derrière le dos, et dans ses mains était fixée une longue perche à l'extrémité de laquelle flottait une espèce de drapeau, où se lisait en gros caractères la sentence du glorieux martyr : *Imposuerunt super caput ejus causam ipsius scriptam* [1]; et afin qu'il eût un autre trait de ressemblance avec Jésus montant au Calvaire, afin qu'il fût vrai jusqu'au bout que le serviteur n'est pas plus grand que le maître, cinq malfaiteurs condamnés à mort lui furent adjoints : *Et cum iniquis reputatus est* [2].

» Il est d'usage en Chine de mener les criminels, de la prison au lieu du supplice, avec précipitation et au pas de course. Chacun des condamnés est escorté de deux satellites qui emportent plutôt qu'ils ne conduisent leur victime. Cette marche accélérée, jointe à la musique sauvage du *tam-tam*, donne, dit-on, à une scène d'exécution un caractère qui épouvante et fait frissonner les Chinois. Ce fut après un assez long trajet exécuté de la sorte, que M. Perboyre arriva sur la place où l'attendait une foule de spectateurs. De nombreux détachements de soldats armés de piques se rangèrent en cercle autour d'un poteau fixé en terre; là furent attachés et

[1] Ils placèrent sur sa tête la cause de sa condamnation. S. Matth. 27, 37.

[2] Et il a été mis au rang des scélérats. S. Marc, 15, 28.

étranglés successivement les cinq malfaiteurs, notre confrère fut réservé pour clore ce lugubre drame. Quand son heure fut venue, il se mit à genoux, et pria quelques instants. Les païens disaient tout haut : Voilà l'Européen qui est en prières : *Quidam illic stantes... dicebant : Eliam vocat iste*[1]. Il fut enfin saisi par l'exécuteur, qui lui lia les pieds derrière le dos et l'attacha au gibet, un peu au-dessus du sol et dans la posture d'un homme à genoux. Son agonie fut plus douloureuse que celle des autres suppliciés; ceux-ci avaient été étranglés promptement et d'un seul coup; mais pour M. Perboyre, la chose se fit plus lentement et à plusieurs reprises : on eût dit que le bourreau voulait tout à loisir savourer les dernières convulsions de sa victime. Après avoir d'abord serré le nœud fatal, il lâcha la corde, comme pour donner au martyr le temps de se reconnaître et de bien sentir la mort; peu après, il serra encore, et s'arrêta de nouveau; ce ne fut qu'à la troisième fois qu'il se décida à en finir... Mais comme le corps paraissait conserver quelque souffle de vie, un satellite s'approcha, et, d'un violent coup de pied dans le ventre, acheva le sacrifice du prêtre de Jésus-Christ. Ce fut vers midi que sa belle âme s'envola au ciel.

» *P. S.* Nous avons appris que l'empereur vient de condamner à l'exil le vice-roi du Houpé, bourreau de M. Perboyre, à cause des vexations et des cruautés qu'il a commises dans la province confiée à son administration. Le peuple a trouvé la peine trop légère, il veut

[1] Quelques uns des assistants disaient : Il invoque Elie. S. Matthieu, 27, 22.

que le tyran paie de son sang tout celui qu'il a injustement répandu ; il s'est donc insurgé et tient maintenant le vice-roi bloqué dans son palais. L'empereur a aussi publié un décret contenant le signalement de Mgr. Rameaux, et l'ordre aux mandarins de diriger contre lui toute l'activité de leurs recherches. A la garde de Dieu ! »

XXVIII.

PÉLERINAGE

AU TOMBEAU DE M. PERBOYRE.

Extrait d'une lettre de M. Huc, missionnaire de la congrégation de Saint-Lazare, dans la Tartarie-Mongole, au supérieur de la même congrégation.

Sivan, le 16 septembre 1841.

« .... En passant par le Houpé, je me suis détourné un peu de ma route pour me rendre à Ou-Tchang-Fou, et faire un petit pélerinage au tombeau de notre glorieux martyr M. Perboyre. Je communiquai ce projet à Mgr. Clauzetto, qui, n'y voyant aucun inconvénient, me donna un chrétien pour m'accompagner. Mon guide était un jeune Chinois, dont l'étourderie fut sur le point de me faire couper la gorge. Après avoir cheminé quelques instants à travers les rues tortueuses de Ou-Tchang-Fou, je me trouvai à l'entrée d'une espèce de vaste champ de Mars, tout encombré de militaires qui faisaient l'exercice à feu, et bientôt je fus environné de satellites. Le jeune guide, qui me précédait de quelques pas, s'arrêta brusquement, et nous demeurâmes quelques minutes à nous regarder l'un l'autre, sans trop savoir quel parti prendre dans cette occurrence. Comme notre embarras pouvait nous faire remarquer, je dis au guide de continuer vîtement sa route en traversant la place; je me recommandai à Dieu, et je passai au milieu des rangs militaires, tout en m'efforçant d'imiter de mon mieux le décousu et le sans-façon d'un désœuvré ou d'un curieux. « Tiens, dit un soldat, en poussant du coude son voisin et en me montrant du doigt, tiens, voilà le frère de *Ton* (nom chinois de M. Perboyre). — Vraiment oui, dit l'autre, il lui ressemble beaucoup.... » Le cœur me battait fort dans la poitrine, mais je me gardai bien d'aller demander des explications à ces malencontreux physionomistes. Je continuai ma route sans paraître faire attention à ces propos, et nous arrivâmes, avec la peur pour tout mal, au tombeau de M. Perboyre.

» Les restes précieux de M. Clet et de M. Perboyre reposent côte à côte, sur une verte colline, au-delà de la ville de Ou-Tchang-Fou. Oh! monsieur, qu'elle fut enivrante l'heure que je passai auprès de ces deux modestes tombes de gazon! Sur une terre idolâtre, au milieu de l'empire chinois, j'avais deux tertres sous mes yeux, et une félicité inconnue remplissait et dilatait mon âme.

» On ne voit pas de marbre ciselé sur la terre qui recouvre les ossements des deux glorieux enfants de saint Vincent de Paul; mais Dieu semble s'être chargé lui-même des frais du mausolée; des plantes rampantes et épineuses, assez semblables par la forme à l'acacia d'Europe, croissent naturellement sur les deux tombes. Au-dessus de ce tapis de verdure surgissent avec profusion des mimosa remarquables de fraîcheur et d'élégance. En voyant toutes ces brillantes corolles s'échapper à travers un épais tissu d'épines, on pense involontairement à la gloire dont sont couronnées dans le ciel les souffrances des martyrs.

» Mgr. Clauzetto aimait beaucoup à me parler de la grande réputation de sainteté que M. Perboyre a laissée dans le Houpé. Plusieurs faits, qui semblent tenir du miracle, et qui appelleront sans doute un examen sérieux, ont signalé les derniers instants de notre vénéré confrère; des païens, qui ont été témoins du prodige, se sont aussitôt convertis et ont reçu le baptême. »

XXIX.

PRISONS DU TONG-KING.

Lettre de M. Miche, de la société des Missions étrangères, à son frère.

Des prisons de Hué, décembre 1842.

« . . . Sa majesté cochinchinoise a ratifié la peine de mort décrétée contre nous, en ordonnant toutefois aux juges de surseoir à l'exécution, jusqu'à ce qu'il lui plaise de nous délivrer nos passeports pour l'autre monde. C'est le 3 décembre que la sanction royale a été donnée, et nous en avons eu connaissance dès le lendemain, malgré toutes les précautions prises par les mandarins pour cacher aux criminels le sort qui leur est réservé.

» Vous ne sauriez vous faire une idée de la joie que la décision du prince a répandue dans nos âmes; il faut en faire l'expérience pour en pouvoir juger; que sera-ce donc quand approchera le jour du supplice! Que sera-ce quand le bourreau viendra frapper à notre porte et nous dire : Partez, le ciel vous est ouvert!

» Le 7 décembre, nos geôliers ont reçu l'ordre de nous transférer à la grande prison. Déjà MM. Charrier, Galy et Berneux nous y avaient précédés, et nous nous estimions heureux d'aller les rejoindre; mais, à notre arrivée, nos confrères avaient quitté ce cachot pour aller en occuper un autre, en sorte qu'au lieu du plaisir d'embrasser nos trois amis, nous avons eu la douleur de trouver leurs places vides.

» Qui n'a vu que les prisons d'Europe peut difficilement se faire une idée de celles du Tong-King; c'est pourquoi je vais vous décrire notre nouveau manoir avec quelques détails, et d'après cette esquisse, vous pourrez juger de notre position.

» A l'extrémité de la ville de Hué, capitale du royaume, et tout près des remparts de l'ouest, on découvre au milieu des marécages inhabités, une vaste enceinte de murailles qui peuvent former un carré de cinquante toises, sur douze pieds de hauteur; ces murailles, environnées de fossés remplis d'eau, sont munies d'une épaisse haie de bambous épineux qui en défendent l'accès. C'est là qu'est située la prison connue dans le pays sous le nom de *Rhàmdàng*, vrai réceptacle de tous les vices et de tous les crimes, où l'on voit affluer chaque jour, avec les condamnés venus des divers points du royaume, tous les genres d'infortunes, la pauvreté, la faim, la soif et la misère la plus digne de pitié. Tel est le château fort que nous habitons, en attendant la consommation de notre sacrifice. Un petit pont de bambou, jeté sur les fossés, mène à la porte, dont on ne franchit ordinairement le seuil une seconde fois que dans un cercueil, ou sous la conduite du bourreau en allant à la potence.

» Des rizières cultivées au profit du commandant de la prison couvrent la moitié de cet enclos, et le reste est occupé par quatre grands bâtiments, dont l'un sert de logement à nos gardiens, et les trois autres sont autant de maisons de réclusion. La première geôle est réservée aux grands mandarins; la deuxième, celle où nous résidons, renferme les dignitaires du second ordre et les personnes du peuple un peu comme il faut; quant à la troisième, elle est destinée aux gens du plus bas étage.

» Ces bâtiments, sans murailles, sans parois, ne sont autre chose que de vastes hangards, formés d'une infinité de colonnes qui supportent un toit couvert en tuiles. Chacune de ces demeures est divisée en deux compartiments, l'un supérieur, et l'autre inférieur; la partie supérieure, élevée de quatre pieds au-dessus du sol, est une grande chambre noire, ou plutôt une véritable caisse, doublée de madriers, où la lumière ne pénètre jamais ; car elle n'a d'autre ouverture que la porte, et celle-ci reste toujours fermée quand il y a des prisonniers dans ce ténébreux repaire. Durant le jour, tous les reclus habitent au rez-de-chaussée, sur la terre nue, sans autre abri que quelques lambeaux de nattes, qu'ils se procurent à leurs frais pour se protéger contre le vent. Chaque prisonnier a sa case particulière, en sorte qu'il y a sous le même toit autant de ménages que d'individus, à peu d'exceptions près. Lorsque la nuit est venue, au signal donné, il faut monter à l'étage supérieur; quelques soldats y accompagnent les criminels, les mettent aux ceps, et enlèvent l'échelle dès qu'ils sont descendus. Voilà la rubrique qui s'observe tous les jours. Par une grâce particulière du capitaine, les détenus de la première et de la seconde catégorie ne changent pas de demeure; quoique nous ne puissions pas nous tenir debout dans nos *poulaillers*, nous sommes incomparablement mieux que dans la fournaise qui est au-dessus de nos têtes. Vous pouvez, d'après ces indications, vous former une idée de notre palais. Je crois qu'un Européen ne peut vivre ici dix-huit mois sans miracle; nous sommes environnés de marais; la terre que nous foulons suinte sans cesse; au temps des pluies, l'eau pénètre dans nos cabanes et s'élève jusqu'à la hauteur de nos lits; enfin entassés les uns sur les autres, entourés de plus de cinquante feux, toujours dans la fumée, nous serons comme dans un four ardent au moment des grandes chaleurs.

» Reste maintenant à vous dire un mot du régime auquel nous sommes soumis : trois fois le jour, nous allons passer la revue; les soldats nous rangent par lignes de cinq hommes, et nous comptent scrupuleusement, de peur qu'on ne s'évade sans qu'ils le sachent; car, dans ce cas, le capitaine et les sentinelles sont passibles de la même peine que le prisonnier fugitif; s'il était condamné à mort, ses gardiens meurent à sa place. Il est donc juste qu'ils prennent des précautions sévères pour empêcher toute désertion.

» Je vous assure que ce n'a pas été pour nous une petite humiliation, quand, pour la première fois, nous nous sommes vus accroupis entre des voleurs et des meurtriers, et coudoyés par des lépreux; mais les disciples ne sont pas au-dessus de leur maître; Jésus-Christ aussi a été confondu avec des scélérats! que dis-je? un assassin lui a été préféré!

» Ici on commande même à la nécessité. Il est défendu, oui, il est défendu à la nature d'opérer ses fonctions les plus impérieuses au-delà de deux fois par jour; et le moment pour cela est fixé; comme il n'y a pas de fosses d'aisance dans l'enceinte des murailles, les soldats conduisent, soir et matin, tous les prisonniers ensemble dans les marais du voisinage, et chacun rapporte en revenant sa provision d'eau; il n'y a d'exception que pour les malades. Malheur à celui qu'une invincible nécessité presse d'enfreindre cette loi tyrannique! Si le délit est connu, son pauvre dos l'expie sous une grêle de coups de rotin.

» Pendant le jour nous avons peu de surveillants;

mais, les ténèbres venues, leur nombre s'élève quelquefois jusqu'à quatre-vingts ou cent. Quelques-uns se promènent dans l'intérieur à la lueur des flambeaux que nous entretenons à nos frais, et agitent de temps à autre une crécelle de bambou pour marquer les différentes heures de la nuit, et montrer qu'ils ne dorment point. Ceux qui couchent hors de l'enceinte des murailles sont bien plus nombreux; à chaque instant ils poussent de grands cris, et s'interpellent de loin pour témoigner de leur vigilance.

» Dans les autres prisons, les détenus sont à leurs frais. Fussent-ils éloignés de cent lieues de leurs familles, il faut, à moins qu'ils ne soient étrangers, qu'un parent les suive pour les nourrir, ou qu'ils emportent avec eux de quoi se sustenter. Ici au contraire tous les reclus reçoivent une légère allocation du gouvernement; celle des soldats est d'environ vingt sous et trois écuelles de riz par mois; leurs parents fournissent le reste et les habillent; les autres prisonniers, quels qu'ils soient, ne reçoivent que vingt écuelles de riz et pas d'argent; encore ce riz est-il le rebut des magasins, au point que la plupart le vendent à perte pour s'en procurer de meilleure qualité. Qu'arrive-t-il de là? C'est que la misère et la faim causent ici d'épouvantables ravages. Outre le riz il faut au prisonnier une marmite, et le roi n'en donne pas; il faut du bois pour cuire ce riz, et le roi n'en donne pas; il faut une natte et des habits, et le roi n'en donne pas. Que fera donc l'infortuné captif pour se procurer ces objets indispensables? Il vend d'avance une partie de sa ration, et meurt de faim deux ou trois jours après.

» Je ne puis vous peindre le spectacle lamentable que présente la troisième prison, qui n'est séparée de la nôtre que par une allée de dix pieds de largeur. La première fois que j'y pénétrai, je vis une troupe de criminels chargés de lourdes chaînes, étendus sur une terre humide, sans vêtements, abandonnés comme des animaux, tout près à rendre le dernier soupir. Les plus forts se tenaient à peine debout et s'écriaient : *Doi! doi! J'ai faim! j'ai faim!* D'autres n'avaient plus la force d'exposer leurs misères; mais fixant sur moi un œil presque éteint, ils m'en disaient plus par leur silence que s'ils eussent pu exprimer leur angoisse. Dans cette position, il ne leur reste d'autre ressource que de mendier ou plutôt de mourir, car où iraient-ils mendier? Ils ne peuvent sortir, et leurs compagnons d'infortune sont aussi leurs compagnons de souffrance, de misère et de désespoir! Vous voyez que ce n'est pas seulement envers les chrétiens que le prince persécuteur se montre barbare et cruel. Dans le courant du mois dernier, il est mort près de quarante prisonniers dans ce réduit, et la mortalité continue...

» Mais, direz-vous, vos cachots ne sont-ils donc jamais visités par les riches et les grands? — Non, un seul homme pénètre dans cet antre de la part du roi, et quand il y vient, c'est pour examiner si nos fers sont rivés assez près. Voilà l'unique but de sa mission. Oh! que la bienfaisance païenne a les entrailles étroites! On trouvera encore quelques personnes compatissantes qui ne refuseront pas une poignée de riz au pauvre qui frappe à leurs portes; mais aller chercher le malheureux dans son réduit pour essuyer ses larmes et apaiser sa faim, c'est le privilége de la charité chrétienne: elle seule peut revendiquer cette gloire. Les petites grandeurs de ces contrées infidèles se croiraient humiliées si un homme chargé de chaînes paraissait en leur présence; elles se regarderaient comme déshonorées, si une main décharnée s'approchait de la leur pour recevoir une obole. Lorsque j'étais à la prison de *Trân-phû*, un prisonnier cambogien, arrivé depuis peu, ne recevait pas de ration; les soldats par pitié lui permirent de curer leur marmite et de s'approprier l'aliment brûlé qui reste collé au fond, à condition qu'il les aiderait à écosser le riz pendant la journée. A la fin, un officier prit la résolution de monter au tribunal et d'avertir les mandarins de l'état de détresse où se trouvait ce malheureux. Pour sa récompense il fut menacé du rotin, parce qu'il avait soulagé la misère d'un *manant digne du dernier supplice, et qu'il s'était intéressé à son sort!* Lorsque je réclamai moi-même des secours, le président me répondit : *Si vous n'avez plus d'argent ni de vivres, mangez de la terre!* Jugez par là de ce qu'on peut attendre de l'opulence païenne.

» Vous n'avez vu jusqu'à présent que le revers de la médaille, il est bien juste que je vous montre le beau côté. Quoique notre prison soit malsaine et fort incommode, je la préfère néanmoins à toutes celles que j'ai habitées jusqu'ici. Nos geôliers n'ayant ordinairement affaire qu'à des misérables, privés de toutes ressources, n'essaient même pas de leur rien extorquer; si notre gîte n'est qu'une cage à poules, nous y sommes libres et à l'abri de toutes vexations. Nous avons l'avantage d'être réunis aux confesseurs de la foi qui nous ont précédés, et à ceux qui nous ont suivis; nous prions en commun, nous mangeons ensemble, nous nous réjouissons en frères; les chrétiens du dehors, ceux même des provinces voisines, viennent nous voir sans crainte, sinon sans danger. Que dis-je? nous avons été honorés d'une visite infiniment plus précieuse que celle de toutes les grandeurs du monde, Jésus-Christ lui-même a daigné abaisser sa majesté suprême jusqu'à pénétrer dans nos cachots, pour nourrir du pain des forts ceux qui ont combattu pour sa cause. La veille de ce beau jour, nous avons entendu les confessions de nos fervents compagnons de captivité, et le lendemain, dès l'aurore, un prêtre indigène, à qui nous avions manifesté nos désirs, est venu, sous prétexte de voir quelque connaissance, mettre le comble à nos vœux. Recevoir le corps et le sang de Jésus-Christ, c'est toujours un bonheur pour les âmes qui ont la foi; mais communier quand on s'est vu éloigné de l'autel pendant dix mois, communier avec un collier de fer et une lourde chaîne qu'on porte pour Jésus-Christ même; communier dans un cachot, sous le poids d'une sentence de mort; communier sous les yeux des persécuteurs, à leur insu et contre leur défense, c'est un bonheur qu'il ne m'est pas possible d'exprimer. Si notre captivité se prolonge, je pense que nous pourrons encore renouveler une fois ou deux cette mystérieuse cérémonie.

» Pour peu que nos gardiens soient clairvoyants, ils doivent bien s'apercevoir que nous recevons des secours du dehors; mais ils ferment les yeux. Tout ce qui nous environne annonce la misère la plus profonde ; les chrétiens sont les seuls qui ne manquent de rien ; bien nourris, bien vêtus, ils ont même de quoi faire de petites aumônes à leurs voisins les plus nécessiteux. A cette vue, les païens ne manquent pas de s'écrier : « Les chrétiens s'aiment et s'entr'aident, ils ne s'abandonnent pas dans le malheur; » mais que diraient-ils, s'ils savaient que les secours qui nous arrivent ont traversé les mers? Que penseraient-ils si on leur apprenait que les néophytes, leurs compatriotes, ont des amis, des frères aux extrémités du monde, amis et frères qu'ils n'ont jamais connus, et qui ne laissent pas de les secourir dans les fers, et de leur envoyer à cinq mille lieues de distance le tribut de leur charité, sur le simple soupçon des maux qu'ils endurent et des besoins qu'ils éprouvent! Oh! que de larmes essuie cette œuvre éminemment catholique de la Propagation de la Foi! Que de plaies cette admirable société guérit tous les jours!....

» Je dis adieu à tous nos frères et sœurs.... Croyez-moi dans l'union de vos prières et saints sacrifices. »

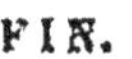

FIN.

TABLE.

Introduction. 5

MISSIONS DU LEVANT.

I. Colléges de Péra et de Galata. — Baptême de trois jeunes nègres. 29
II. La Fête-Dieu à Constantinople. 34
III. Les enfants de S. Vincent de Paul à Constantinople et à Smyrne. 40
IV. Voyage à Nazareth. 51
V. Pélerinage à Bethléem. 55
VI. Pélerinage à Jérusalem. 65
VII. Esquisse des mœurs égyptiennes. 78
VIII. Triomphe de la grâce sur une jeune chrétienne d'Alep. 87
IX. Courage admirable d'une jeune fille à Erbella. 91

MISSIONS D'ASIE.

INDE, SIAM, LE MADURÉE, LA CORÉE.

X. Condition des femmes indiennes. — Sacrifice des veuves. 97
XI. Sort des femmes chez les peuples asiatiques. 104

XII. L'éléphant blanc du roi de Siam. 108
XIII. Les castes indiennes. — Néophytes Indiens. 112
XIV. La caste des Sanars dans le Maduré. 121
XV. Néophytes indiens dans le Maduré. 126
XVI. Mission des îles Nicobar. 143
XVII. Histoire édifiante d'un jeune néophyte Coréen. 159
XVIII. Saints désirs du martyre. 163
XIX. Saints regrets du martyre. 166

MISSIONS DE LA CHINE,

DE LA COCHINCHINE ET DU TONG-KING.

XX. Navigation vers la Chine. 169
XXI. Plaisirs d'un missionnaire en Cochinchine. 176
XXII. Voyage de Macao à Si-Wan. 192
XXIII. Un voyage dans la Chine. 200
XXIV. Martyre de M. Cornay, missionnaire au Tong-King. 218
XXV. Martyre de Mgr. Dumoulin Borie. 243
XXVI. Soins de la Providence envers ses élus. 256
XXVII. Martyre de M. Perboyre. 257
XXVIII. Pèlerinage au tombeau de M. Perboyre. 265
XXIX. Les prisons du Tong-King. 267

FIN DE LA TABLE.

Lille. Imp. de L. Lefort. 1846.

www.ingramcontent.com/pod-product-compliance
Ingram Content Group UK Ltd.
Pitfield, Milton Keynes, MK11 3LW, UK
UKHW021904260726
13966UKWH00006B/501

9 782011 759979